大是文化

名師這樣教
物理秒懂

國中沒聽懂、高中變天書，
圖解基礎觀念，一次救回來

法政大學教職課程中心教授
左卷健男

兵庫縣立星陵高中教師
浮田裕

等8位教師 —— 編著

林展弘 —— 譯

U0012269

第 1 章

力學：搞懂物體如何平衡、變形和運動　017

CONTENTS

第 2 章

物理的「功」與「能」，有什麼功能？　067

CONTENTS

CONTENTS

作者簡介

●第1章　力學：搞懂物體如何平衡、變形和運動

高見壽

1949年生於日本岡山縣。岡山大學理學院物理系畢業。於縣立高中教授物理，屆齡退休。目前為岡山理科大學兼任講師。

稻田佳彥

1966年生於日本廣島縣。東北大學研究所理學研究科物理學第二專攻博士課程後期修畢。曾任大阪大學研究所理學研究科助教等職，現為岡山大學研究所教育學研究科教授。

●第2章　物理的「功」與「能」，有什麼功能？

高橋善樹

1957年生於日本福島縣。東北大學理學院物理系畢業。目前擔任福島縣立喜多方桐櫻高中教師。

●第3章　熱力學：分子運動的速度與能量的轉移

浮田裕

1959年生於日本兵庫縣。甲南大學理學院畢業。甲南大學研究所自然科學研究科物理學專攻碩士課程修畢。目前為兵庫縣立星陵高中教師。

● 第4章 電學──發電與儲電,都是顯學

小關正廣

1950年生於日本群馬縣。群馬大學教育學院畢業。前新島學園中學、高中教師(物理、化學)。現為日本流星研究會會長。

● 第5章 電磁學:發電、醫學、遙控器

田中岳彥

1959年生於日本三重縣。東京理科大學理學院畢業。筑波大學研究所碩士課程修畢。愛媛大學研究所博士後期課程修畢。博士(理學)。現於三重縣立津西高中任教。

● 第6章 波:萬物都與波有關,包含你、我

中屋敷勉

1959年生於日本宮崎縣。岡山縣立岡山一宮高中教師(物理)。日本物理教育學會岡山縣幹事。日本物理學會會員。物理奧林匹克日本委員會(JPhO)委員。

● 內容統籌

左卷健男

1949年生於日本栃木縣。千葉大學教育學院畢業。東京學藝大學研究所教育學研究科修畢(物理化學講座)。歷經同志社女子大學教授等職,現為法政大學教職課程中心教授。著有《有趣又不沉悶的物理》(PHP研究所)、《看穿假科學的智慧》(新日本出版社)、《圖解・化學「超」入門》(Science i)等多部著作。

推薦序
學習高中物理三部曲
—— 閱讀、理解與應用

北一女中物理教師／簡麗賢

如果調查臺灣的高中生課業學習的問題：「你認為最難的科目是哪一科？為什麼？」相信回答「物理」的人數，可能排在第一名或第二名，尤其是理組（第二類組及第三類組）的學生，理由最可能是「很抽象，公式多，考題難」。

在我的高中物理教學經驗中，學生認為學習科目中最難的，物理確實排在前兩名，與數學「不分軒輊」，原因不外乎是需要理解、要花很多時間思考、有些單元很抽象，例如力學、光學和電磁學，以及需要應用數學分析和推導結論公式，擔憂「學校考試的題目很難，有時看不懂題目」。

面對學生學習高中物理的困擾，身為教師的我責無旁貸，應協助學生面對問題、找出困擾的原因，提供有效的學習途徑以解決問題。

當學生問我：「究竟要如何學好高中物理？」或「我怎麼樣才能在物理考試獲得高分？」這樣的問題真是「大哉問」。物理成績能不能得高分？這與教師物理試題評量設計有關，包含命題的主題是否都

在課堂上教過？難易度是否掌握得宜？題數是否適宜？是否提供學生足夠時間思考題目？題目敘述是否清楚易懂？題目情境是否合理？

如果不討論「物理題目設計得好不好？」，那麼物理成績不佳的原因與學習的態度和方法有關，包含學習態度常常「考前抱佛腳」，認為「背」物理公式就可以應付；如果學習方法是「五不」，也就是「不專心上課、不作筆記、不閱讀課本、不理解思考、不複習主題內容」，成績不佳自然是理所當然。

如何提升高中物理的學習效率？建議從學習態度和方法著手。高中物理的內容主題多元，包含力學、波動、光學、電磁學、近代物理與現代科技等，每一單元都與生活有關，生活中有物理，物理在生活中，因此學習物理至少應包含三部曲，即「閱讀、理解、應用」。

要建立物理概念，必須先吸收物理知識，除了上課認真聽老師講授外，「閱讀」物理書籍和課本教材絕對必要，這是「君子務本，本立而道生」的概念，「閱讀」是建立物理基本概念最好的方法。在閱讀中要培養耐心「理解」基本概念的習慣，學不躐等、盈科後進，一步一腳印，並且能與生活或新聞的話題結合，將物理概念「應用」在這些議題中。

因為教學需要，我常閱讀物理書籍與雜誌，也常蒐集與閱讀其他國家的物理教科書和科普書。日前有緣閱讀大是文化出版的《名師這樣教　物理秒懂》，內容多元而豐富，繪圖生動而吸睛，以概念為主，不特別強調數學推導，舉例亦以生活應用為範疇，很適合幫助高中學生掌握「閱讀、理解與應用」的學習三部曲，成為學習高中物理的「良師益友」。

前言
物理——
量化現象並透過觀察與實驗，探討大自然原理的學問

　　「物理」學習的是物體的原理，從天體運動到基本粒子，物理可說與自然界中的所有狀況息息相關，也有「探討物體的基本性質與運動」的特色。物理盡可能的簡化現象，以定量表示，並透過觀察與實驗，找出橫跨各種自然現象的共通法則，並探討大自然的原理。

　　也因為物理的基本法則貫通在身邊各種現象中，透過學習物理，便可以用科學的角度看眼前的世界。

　　高中學習的物理，內容不外乎「力學」、「熱學」、「波動」、「電學與磁學」、及「原子學」等五大項目。本書從中特別選出「力學」、「功與能」、「熱力學」、「電學」、「電磁學」、以及「波」等六個項目探討。

　　不過，說到物理，或許有些讀者會回想起過去高中上物理課時，「完全聽不懂老師說什麼」的情況。或許也有人是「因為物理好像很困難，所以放棄選修」。其中幾個原因可能是「概念太過抽象」或「數學公式及計算題太多」。另外，大家也可能覺得就算選修了物理，上課不過就是套原理、套公式解題罷了，也因此會覺得物理既枯

燥又難懂吧。

不過，如果思考「運動中的物體，最後一定會停下」這類看似常識的論述，並抽絲剝繭、看穿其中只有單純的「慣性作用」，再用這種法則預測未來的狀況，就會發現其實學物理，就是學習並了解如何應用這些知識而已。如果在解物理習題時，能配合了解物理世界的觀念，相信一定會更有趣。

因此，對於國、高中時不擅長物理的讀者，本書盡可能以豐富的圖像解說物理的概念。本書設定的目標讀者群，是因為迫於需要、想要在短時間內通透物理學的基礎，以及想了解現代最新知識的上班族等一般社會大眾。

本書的內容在說明上，是希望讀者能輕鬆閱讀，並在職場及日常生活中派上用場，以及學習生活在現代所要知道的物理知識。當然，也期望正在學習物理學的高中生及大學生能閱讀本書。

本書共有八名作者，包含在高中任教物理多年的教師，以及在大學擔任教職的教授們。本書具有其他類似書籍所欠缺的三個特點。

特點①：
從中學程度開始，書中使用大量圖解、淺顯易懂的解釋物理基礎知識。

特點②：
針對在日常生活中及職場上，想從基礎開始學習物理的讀者，精心挑選內容。

特點③：
以插畫解說較艱澀的物理概念及法則。

本書遵循上述三大特點，針對一般讀者，以「看故事般有趣」、「內容實用」，以及最重要的「內容易懂」為目的撰寫並順利付梓。

最後，特別感謝插畫家井上行廣先生為本書繪製可愛的插圖，以及針對本書內容給予寶貴意見、並負責編撰作業的科學書籍編輯部石井顯一先生。

謹代表所有作者
左卷健男、浮田裕

力學：搞懂物體如何平衡、變形和運動

搭捷運最常感受到的慣性、離心力，以及萬有引力，都與力學有關。本章探討力與運動所隱含的原理。首先必須先了解力、速度、加速度等，與力學相關的用語所代表的含義及其特徵，因為這是力學中非常重要的要素。

1. 質量與加速度

拿錢包時不小心沒拿好，於是硬幣掉到地上後，開始一路滾，最後滾到自動販賣機下方消失了。不知道大家是否也曾經這樣恨得牙癢癢的，不斷嘀咕：「為什麼這麼會滾？」

生活周遭有許多物體以各式各樣的方式運動著。人類從遙遠的西元前，就對這些運動背後隱藏的法則及規律深深著迷。

想要了解這些**自然現象背後隱藏的法則**，就需要細心的觀察、嘗試，以及不斷的思考各種可能性。這同時也是人類感到最興奮的幸福時光。

在第1章，我們探討力與運動所隱含的原理。首先必須先了解力、速度、加速度等，與力學相關的用語所代表的含義及其特徵，因為這是力學中非常重要的要素。為了體會力學的樂趣，必須先徹底通曉「質量」、「加速度」等用語代表的意義。

力與運動原本是兩種不同的概念，但是從日常生活中的經驗，可以想像得出兩者應該具有一定的關聯。為了研究這種關聯，我們嘗試對放置在地板上的物體施力（右頁圖1-1-1），施力量值以 F 表示。

施加力量 F 後，物體開始運動（速度以 v 表示），停止施力後（$F=0$），物體便隨即停止（$v=0$）。越重的物體（假定質量為 m）需要越大的力量使其運動。觀察一陣子後，$F=mv$ 的關係似乎可以成立（右頁圖1-1-2），但**考慮摩擦力後**，會發現實際上關係式應為 $F=ma$（a 為加速度）才對（請參照第1章第13節）。

圖 1-1-1　對物體施力
對物體施力（F）後，物體開始運動。
假設速度為 v。

所以 $F=mv$ ？

圖 1-1-2　F（力）＝ma（質量×加速度）
並非 F（力）＝mv（質量×速度），而是 F（力）＝ma（質量×加速度）。隨
著質量或加速度變大，力量也越大。要考慮摩擦力會抵消速度，所以質量乘以
加速度才有力。

2. 力會使物體變形，
也會改變運動狀態

　　物理學中提到的力有兩種類型，也是引發下列兩種現象的原因：使物體變形、使物體改變運動狀態。

①使物體變形

　　具體來說，就是「撓曲」（見右頁圖1-2-1）、「彎折」、「拉伸」、以及「壓縮」等，這裡統稱「使物體變形」。要了解變形，最適合的道具就是螺旋彈簧。對彈簧施力，彈簧就會伸長（見右頁圖1-2-2）。如果彈簧比一開始的長度長，就可判斷「彈簧正在受力」。在彈性限度（或比例限度）內，施加的力量量值與彈簧伸長量成正比，這稱為虎克定律，是英國人羅伯特・虎克發現的（見右頁圖1-2-3）。虎克定律不僅適用於彈簧的伸長量，也適用於所有變形的狀況。

②改變物體的運動狀態

　　我們將「使靜止的物體開始運動」、「使運動中的物體減速」、「使運動中的物體加速」、「使物體運動的方向改變」、「使直線前進的物體向右或向左偏折」等行為，統稱為「改變物體的運動狀態」。反之，所謂的「運動狀態不變」指的是以下兩種狀況：

　　（1）靜止的物體保持靜止（第22頁圖1-2-4）。

　　（2）等速運動的物體保持直線等速（第22頁圖1-2-5）。

　　若使物體在桌上滑動，物體會因摩擦力而馬上靜止（第22頁圖1-2-6）。這可解釋為運動中的物體，受到摩擦力的作用而減速（運動狀態改變）。

圖 1-2-1　變形的例子①

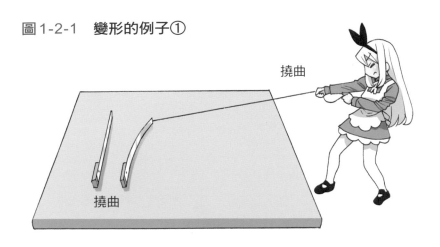

撓曲

撓曲

圖 1-2-2　變形的例子②

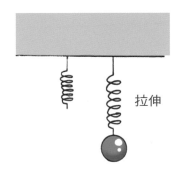

拉伸

圖 1-2-3　虎克定律

施加的力量量值與彈簧伸長量成正比。

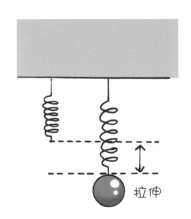

拉伸

彈簧伸長量

虎克定律

施加力量
的量值

圖1-2-4　運動狀態不變的例子①

靜止

圖1-2-5　運動狀態不變的例子②

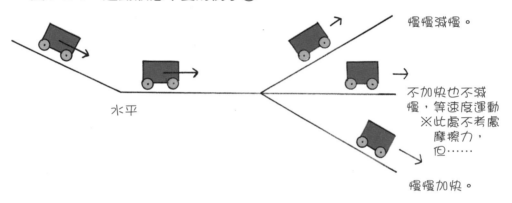

水平

慢慢減慢。

不加快也不減
慢，等速度運動
　※此處不考慮
　　摩擦力，
　　但……

慢慢加快。

圖1-2-6　運動狀態改變的例子
如果有摩擦力作用，運動中的物體會慢慢減速，最終停止。

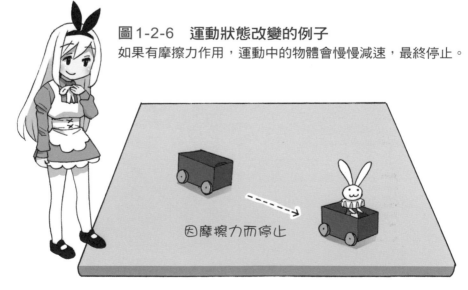

因摩擦力而停止

3. 用箭頭表達力的量值、方向

　　力的量值一般以牛頓（N）這個單位表示，比如說「1.5牛頓」或「25牛頓」。順帶一提，發現了萬有引力的人就是牛頓。肉眼看不見力，因此考慮受力時，必須以某種方式呈現。在物理學中，力以箭頭表示。

　　在此考慮一種情況：地上放著一件行李，我們用一條繩子朝斜上方拉它（圖1-3-1）。

圖1-3-1　如何表示力？
斜拉放置在地上的行李。

嘿喲！

　　這邊假設斜拉物體，但在沒有任何前提下，要理解這個物理系統此時的受力情況，需要以下四個關鍵字。

①**作用點**：當物體受力時，作用點表示物體上的受力點。（圖1-3-2）

圖1-3-2　力的作用
作用點與作用線。

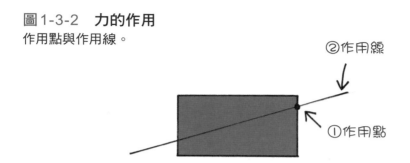

②**作用線**：就算知道作用點，還是不知道是朝水平方向拉，還是朝斜上方拉，而作用線就是拉力的方向。

③**作用力方向**：就算知道了作用線，仍不知道是拉或推（見圖1-3-3），現在還剩下推或拉兩種可能。所謂的拉，就代表作用力從作用點朝著物體外部；而所謂的推，就代表作用力從作用點朝著物體內部。在物理學中，「方向」與「指向」是兩個不同的詞。就像我們常說「東西方向」、「上下（垂直）方向」，方向同時包含了兩種相反的指向；相反的，如同「朝下」、「朝東」這些說法，指向只代表單

圖1-3-3　力的指向

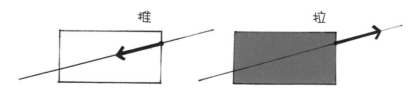

③可以用箭頭表達推和拉的區別。

一概念。例如，我們一般不會說「往垂直方向掉落」，而是會說「往下掉落」。

④**力的量值**：現在知道了物體從作用點上受到了朝外的力，但仍不知道受力量值（譯註：臺灣一般教科書提到力學，只包含三個要素，這裡的方向與指向，臺灣書籍均統稱方向）。

可以統合以上四種資訊的方法就是箭號。首先從作用點朝外畫出箭號，箭號的長度則由受力量值決定（圖1-3-4）。受力小則箭號長度短，受力大則箭號也較長（圖1-3-5）。如果用一句話簡述此概念，那就是「受力可用向量表示」，這樣說明也更嚴謹。

圖1-3-4　**力的量值**

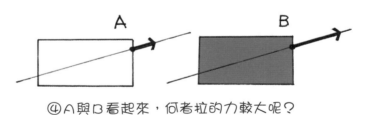

④A與B看起來，何者拉的力較大呢？

圖1-3-5　**箭頭的畫法**

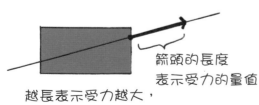

箭頭的長度
表示受力的量值

越長表示受力越大，
越短則表示受力越小。

圖1-3-6　**完成圖**

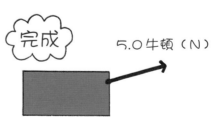

完成

5.0牛頓（N）

一個箭頭就可表達所有概念。

4. 力可以合成、分解

　　假設現在有兩個人，分別用一條繩子拉同一個行李。如果兩人的施力量值、方向皆相同，則整體受力變成兩倍（右頁圖1-4-1）。那如果方向稍微不同，結果會如何呢？（右頁圖1-4-2）

　　此時，這就是一個受力合成的問題了。由於受力可以箭頭表示，也可說是箭頭的合成。關於箭頭的合成，我們會遵循以下三個原則。

①從相同起點開始描繪兩個箭頭。

②以這兩個箭頭作出一個平行四邊形。

③以箭頭畫出平行四邊形的對角線。

　　最後畫出的箭頭，就是合成後的受力，我們稱為合力。在此先歸納一下，**合力就是此平行四邊形的對角線**（第28頁圖1-4-3）。

　　接下來，考慮一對母子去超市購物的情況。小孩想和母親一起提購物袋，這時小孩與媽媽各出多少力呢？這就是力的分解。我們只要進行合成的反向操作，就可以進行力的分解。先朝著重力方向的反方向畫出施力，再分解此施力。

　　先拉出兩條直線，分別連接媽媽與小孩的手，畫出一個平行四邊形，使對角線恰為先前畫出的施力（第28頁圖1-4-4）。此時平行四邊形的長邊和短邊，即是所求的分解力，我們稱此力為分力（第28頁圖1-4-5）。接著，自然可以從結果得知，媽媽施力較大，小孩施力較小。若兩人為體格相同的大人，則提購物袋的位置也會相同（第28頁圖1-4-6）。此時若將合力分解，則分力量值也會相同。

怎樣合作比較有「力」？

圖 1-4-1　兩人朝同方向拉

此時合力
為單純疊加。

圖 1-4-2　若兩人朝不同方向拉

則不能單純疊加。

要加起來嗎？

圖1-4-3　力的合成
畫出平行四邊形，進行力的合成。
此合成力稱為合力。

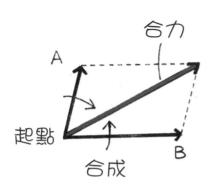

圖1-4-4　大人與小孩同時提重物會如何？
雙方拉力不同。

圖1-4-5　力的分解
朝著與重力相反的反方向畫出平
行四邊形。此時短邊及長邊就是
各自的拉力。

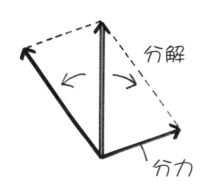

圖1-4-6　若從同樣的高度提重物？
彼此的拉力相同。

5. 只要有作用力，就有反作用力

考慮物體B放置在物體A上的狀況。A與B之間存在相互擠壓的力（圖1-5-1）。A擠壓B的力，與B擠壓A的力作用在同一直線上，量值相同、方向相反。這稱為作用力與反作用力定律。兩力中，其中一力稱為作用力，另一力稱為反作用力。

圖1-5-1. 作用力與反作用力定律
互相接觸的兩個物體，彼此以量值相同、方向相反的力互相擠壓。

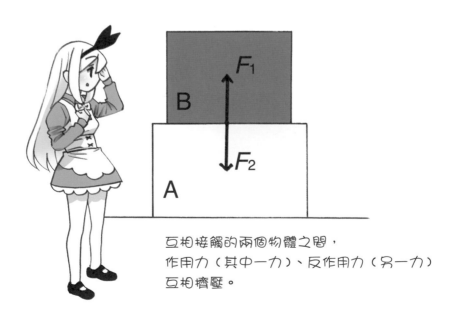

互相接觸的兩個物體之間，
作用力（其中一力）、反作用力（另一力）
互相擠壓。

　　另外，考慮以細線懸掛物體的狀況（圖1-5-2）。細線的一端與物體上方接觸點之間有一互相拉扯的力。作用力與反作用力定律在這裡也成立。

圖1-5-2　即便是考慮懸吊的物體……
作用力與反作用力定律仍然成立。

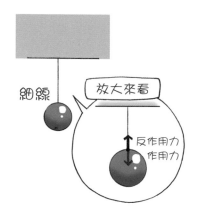

　　作用力與反作力定律，在彼此不接觸的物體間也成立。作用於地球上的物體的重力，其反作用力為物體吸引地球的力。當作用力存在時，其反作用力也存在。發現這個事實，對於理解力學很有幫助。

　　假設兩個物體互相施力，且於空間中呈**靜止狀態（不論彼此接觸與否）**。也就是說，不論從哪個方向來看，均無外力施加。不過唯一特別的方向，是連接兩物體重心的方向。只要此線上的受力互相抵消，整體來看就沒有任何力量作用（右頁圖1-5-3）。這也**代表了作用力與反作用力彼此量值相同、方向相反。**

　　接下來考量使兩物體互相接觸，且從一邊施加外力的情況（右頁圖1-5-4）。如果將兩物體視為一個大物體，則該物體應朝同一方向

運動。因此，作用於兩物體間的力必須量值相等、方向相反。不過，慣性力（請參考第1章第14節）並沒有反作用力。這是因為慣性力是假想力，實際上不存在。

圖1-5-3　在空間中彼此靜止的情況
只要力互相抵消，整體看起來就沒有任何力作用。

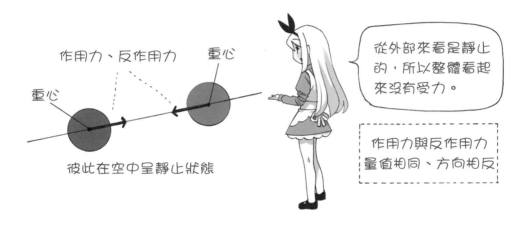

圖1-5-4　如果推互相接觸的兩個物體，會如何？
在兩個物體間，作用力與反作用力定律仍成立。

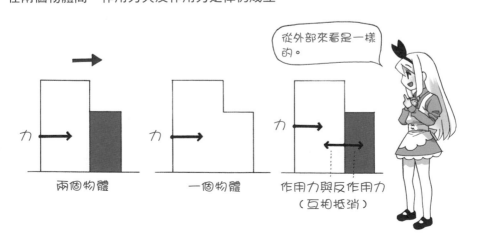

6. 受力平衡時，
不一定是靜止的

　　用量值相同的力、朝相反方向拉一個物體，物體不會移動（圖 1-6-1）。另外，用同樣量值的力、朝相反方向推一個物體，物體也不會移動。像這樣，當兩個量值相同、方向相反的力，作用在同一物體上時，稱為「物體受力平衡」。

圖 1-6-1　物體的受力平衡
用量值相同的力、相反方向推或拉同一個物體，則受力平衡。受力平衡時，物體呈現靜止狀態或維持等速度運動。

同一物體上受到兩個力作用，
方向相反，但量值相同。

物體受力平衡時：

　①靜止、
　②等速度運動、

　會呈現①或②其中一種狀態。

　　提到量值相同、方向相反的力，作用力與反作用力就是很好的例子。受力平衡與作用力和反作用力的差別不太容易分辨，但若以箭頭畫出物體受力圖，就相當容易理解。受力平衡，指的是一個物體上畫出兩個量值相同、方向相反的力（右頁圖 1-6-2）。

　　相對的，如果作用力與反作用力是在兩個物體上各自分別畫出一個作用力，彼此量值相同、方向相反。這樣的話，「作用力與反作用

圖1-6-2　受力平衡與作用力、反作用力的差別

受力平衡指的是作用於同一物體上的力，而作用力與反作用力是作用於兩個物體上的力。

力的平衡　　　　　　　　　　　平衡狀態

力彼此受力平衡」或是「受力不平衡」的論述不成立。因為受力平衡是討論作用於同一物體上的力。

　　方才提到**受力平衡時，物體會呈現靜止狀態，其實也不見得所有情況均如此，因為物體也有可能正進行等速度運動。最淺而易懂的例子就是雨滴的運動**（圖1-6-3）。

　　從天空落下的雨滴受到地心引力作用，落下的速度會越來越快。但同時也受到空氣阻力的影響而減速。最後地心引力與空氣阻力會形成量值相等、方向相反的兩力，因此雨滴不加速也不減速，而是以一定的速度落下。雨滴接近地面時呈現等速度運動的狀態。當作用於物體上的力達到平衡時，物體會①靜止或是②以等速度運動。所以不要忘記除了①靜止外，也有②等速度運動的狀況。

圖1-6-3　雨滴的運動
一開始會加速，但中途會轉為等速運動。這是因為地心引力與空氣阻力達到平衡的關係。

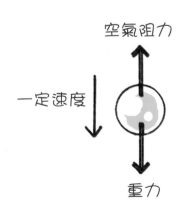

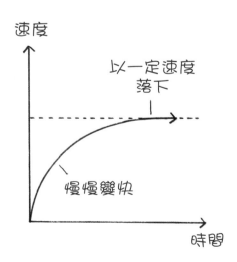

7. 力矩幫你更省力

之前曾提到，若對物體施力，物體會朝直線方向移動或變形，但其實生活周遭也有很多時候，施力會造成物體旋轉。這一節將會說明如何描述這種造成旋轉的力。

例如，假設有一個如下頁圖 1-7-1 的旋轉軸。當我們要描述這類**造成旋轉的力**時，一般都會使用力矩（Torque，一般稱為力的力矩〔moment〕）這個物理量。為了描述造成旋轉的力，需要知道其量值及旋轉方向。

因此，先將力矩以圖 1-7-1 這種與轉軸平行的箭頭（向量）表示。箭頭的長度表示旋轉力道的量值。旋轉方向以箭頭（向量）表示，箭頭方向為右旋螺絲旋轉時，螺絲頭前進的方向（圖 1-7-1）。只要畫一支箭頭，就可以同時表達旋轉的力道與方向。

如果箭頭長度為零，就代表該軸上沒有造成旋轉的施力。另外，如果箭頭方向相反，就代表旋轉方向相反。若造成旋轉的力不只一個，則可以將所有的箭頭疊加，來計算最終造成旋轉的力量量值以及方向。

◆ 力矩為「距離 × 力」

另外，如同下頁圖 1-7-2 所示，只要在連接旋轉軸的棒子上距離 x 處施力 F，理論上就會對於該轉軸造成力矩。F 越大，力矩也就越

圖1-7-1　**力矩的表達方式**　　圖1-7-2　**如果使用從轉軸伸出的棒子的話**

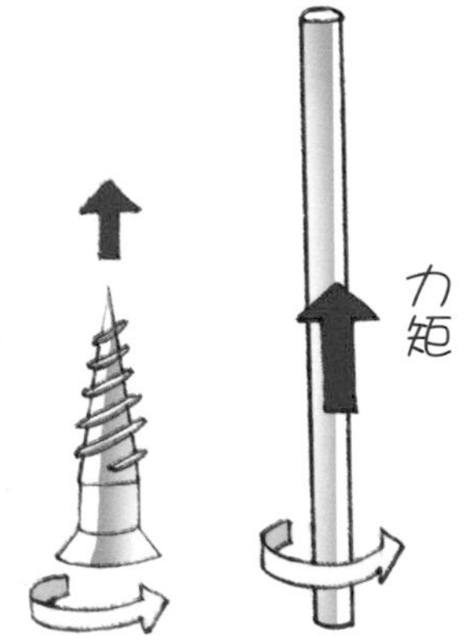

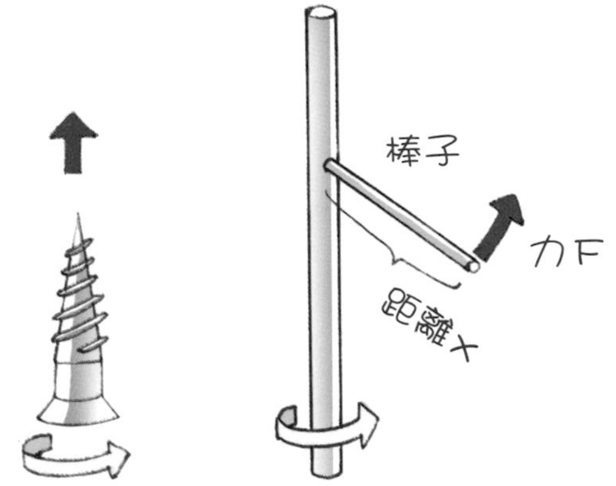

右旋螺絲　　轉軸　　　　　右旋螺絲　　棒子越長，越容易旋轉。

大。那麼，若x越長，力矩會如何呢？想像一下門把，應該就不難理解。在距旋轉軸越遠的地方施力，則越容易造成旋轉。

也就是說，圖1-7-2中的棒子越長，就算施力相同、力矩也會較大。如果將力矩的此一性質以數學式表達的話，力矩（記號N）可以用施力F及與轉軸的距離x表示如下：

$$N（力矩）＝x（距離）×F（力）$$

這裡的（x×F）代表向量外積（Vector product），計算方式如右頁圖1-7-3。向量就算平行移動，也不會改變其特性，在此可以將向量起點移動至旋轉軸，然後**計算 x 與 F 構成的平行四邊形面積**，進而求得代表力矩N的箭頭（向量）量值。F 與 x 互相垂直時，可以造成最大的 N 值。若方向相同（互相重合）時，則 N 為 0，也就是說

圖1-7-3　N（力矩）量值的表達方式

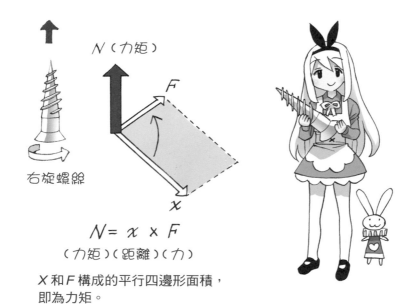

$N = x \times F$
（力矩）（距離）（力）

X 和 F 構成的平行四邊形面積，
即為力矩。

在這種情況下，不會產生力矩。

　　力矩的原理暗藏於槓桿及天平中，像剪刀就運用了槓桿的原理。剪刀的轉軸（螺釘的部分）同時產生了手壓產生的力矩，以及要剪的物體對刀刃施加的反作用力造成的力矩。手壓的力產生的力矩，與物體產生的反作用力造成的力矩互為方向相反的向量。因此，刀刃是否會朝欲剪斷的方向旋轉（是否剪得斷），就端看兩力的大小關係（下頁圖1-7-4）。

　　欲剪斷硬物時，通常會將其置放於距離支點較近的位置，理由就如同下頁圖1-7-4所示，因為x_1變小後，反作用力的力矩也會變小。若瓶蓋很難打開，也可以使用皮帶纏繞之後**製造施力點，然後靠著增加力矩**，輕鬆開瓶（下頁圖1-7-5）。

圖1-7-4 使用力矩原理的剪刀

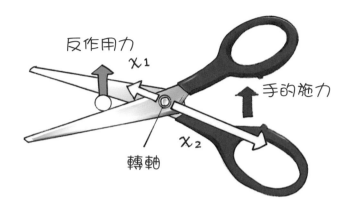

將手遠離轉軸，並將要剪的物品置放於離轉軸較近處的話，可以增加力矩差而輕鬆裁剪。

圖1-7-5 增加力矩

使用皮帶並將手遠離轉軸旋轉，會更容易轉開。

8. 找出物體的重心

　　先介紹一個運用力矩原理進行的魔術，是關於手指會有如神助似的移動至重心下方的現象。重心就是重量的中心，也可以想成是施加在具有大小尺寸的物體上的重力，它會作用在物體的某一個點上。

　　物體上的每個微小部分都有重力作用，也都會個別產生力矩。將這些力矩相加後，全部抵消的旋轉中心就稱為重心。**只要支撐著該重心，物體就能維持平衡而不會傾倒。**

　　以圖1-8-1的白蘿蔔為例為各位說明。我們以食指的上端頂住蘿蔔，來試著找尋可以取得平衡的位置。剛好可以平衡的那一點（重心），應該位於中心靠較粗的那端。在此告訴大家**如何簡單的找到重**

圖1-8-1　**物體的重心是指？**

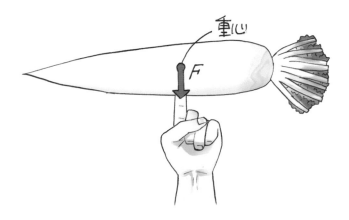

心，首先，先以雙手的食指撐住白蘿蔔的兩端（右頁圖1-8-2）。接下來就放空意識，慢慢的讓兩根食指彼此靠近，支撐著白蘿蔔不掉下來。儘管不是刻意這麼做，但離重心較遠的手指就像是遵照上天指示似的，會慢慢朝重心滑過去。等到兩隻手指與重心等距時，手指就會一起往重心處移動。即便沒去想該怎麼移動，離重心較遠的手指還是會自動移過去。

這種現象起因於摩擦力的不同。摩擦力的量值與垂直接觸面的施力成正比，白蘿蔔對指尖施力較小時，摩擦力也會較小。如果兩隻手指受到的摩擦力不同，感受摩擦力較小的手指就會撐不住而慢慢開始往重心滑動。

那麼，白蘿蔔對手指施加的力到底多大呢？我們用力矩來研究看看。因為重力作用於白蘿蔔上，因此會產生一股壓住手指的力。但重力可視為作用在重心上，該處會存在一股向下的外力向量F。

首先從左手手指看起。此時，以右手手指為支點（旋轉軸），計算F造成之力矩量值。靠著左手手指產生一樣大的反方向力矩，白蘿蔔就能維持平衡而不旋轉（傾斜）。請計算此時左手需施加的力量量值。此力就會決定左手手指所受的摩擦力大小。

如果左手手指離蘿蔔的重心很遠，就可以較小的支撐力維持平衡。接下來計算右手手指施力的量值。

以左手手指為支點計算時，因為右手手指離重心較近，所以需要與F的大小相差不遠的力。結果，作用於左手手指上的摩擦力比右手手指小，於是導致只有左手手指會朝重心滑動。距離變近時，兩隻手指的指尖便均會開始滑動，並在重心附近處交會。

圖 1-8-2　找出物體重心的方法

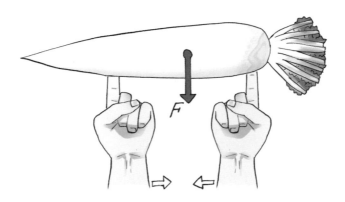

手指慢慢靠近時，
會在重心附近相碰。

9. 速度要有方向，速率代表快慢

　　觀察物體的運動狀態時，一般都會先看物體是否正在移動或靜止。①「靜止」狀態很容易察覺（見圖1-9-1）。正在移動的物體，則有②「等速運動」、③「逐漸加速的運動」、④「逐漸減速的運動」三種（右頁圖1-9-2）。在此將上述四種情況以縱軸為速度、橫軸為時間，畫成圖表表示。

　　①：靜止時，不管經過多少時間，速度都維持零。我們也可以反向從這張圖看出「物體靜止」的資訊。

　　②：速度不為零。但不管經過多少時間，速度既不變快也不變慢，維持等速。一般稱之等速度運動。大家小學時學的速度計算公式「速率 $= \dfrac{移動距離}{耗費時間}$」，指的就是這個狀況（右頁圖1-9-3）。

圖1-9-1　**靜止狀態**

圖 1-9-2　運動狀態

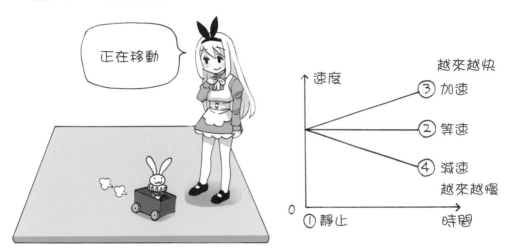

圖 1-9-3　等速度運動

$$速率 = \frac{移動距離}{耗費時間}$$

◆ 「速率」與「速度」的差別

　　日常生活中，使用這兩個詞時，常常不會特別區分，但在物理的用語來說，這兩個詞有所差別。**速度是向量，具有方向及量值；而瞬時速率則是瞬時速度的「大小」。若物體運動方向相反，則速度為負值；相對的，速率恆不為負值，只會視為物體往相反方向移動，並只**

取正值。或許可以更簡單的理解為：只需考慮正值的為速率，而需考慮正、負值的為速度。

　　③④：速率改變的運動，稱為加速度運動。雖然④為減速狀況，但**一般不說減速度，而以「加速度為負值」**表示。若速率不斷上升，則為加速度運動，若畫成關係圖為直線，稱為等加速運動。當然，也有很多加速度運動的加速度不為定值（圖1-9-4）。

圖1-9-4　等加速運動與加速度運動的差異

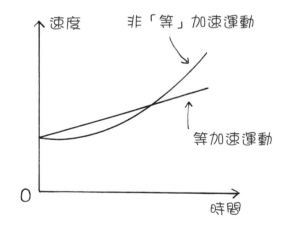

10. 不管物體有多重，
落下速度都相同

　　將物體拿在手上，放手之後，物體就會落下，這是因為地心引力的關係。所謂的自由落體，就是地球的重力吸引物體，使之靠近地球的現象。

　　此時，大家都知道物體的速率會越來越快，但變快的程度會因為物體的輕重而不同嗎？在過去，這個問題也曾經經過很多討論，最廣為人知的就是伽利略從比薩斜塔上進行物體的自由落體實驗。儘管不知道是否符合史實，但提到偉人時，總不免言及（圖1-10-1）。

圖1-10-1　伽利略與比薩斜塔
據說伽利略曾於斜塔上進行實驗，
比較重物及輕物何者先掉到地上。

　　例如，如果把較重的Ａ與較輕的Ｂ綁在一起然後放手，那會有什麼結果（圖1-10-2）？假設重者落下速度較快，由於綁在一起後，總重量變重，那應該比個別落下時，速度更快吧？抑或是因為把落下速度較快的物體與落下速度較慢的物體綁在一起，所以落下的速度會介於兩者之間？哪一個假設才是對的？結論很簡單，不管物體輕重，落下速度均相同。因為與重量無關，這樣一來就可輕鬆解決了。

圖1-10-2　如果將不同重量的物體綁在一起？

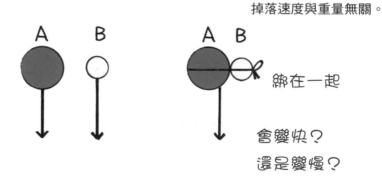

就算綁在一起，掉落速度仍相同，掉落速度與重量無關。

綁在一起

會變快？

還是變慢？

　　要知道實際落下時的速率，只要測量就可得知。其實以高中物理實驗課的程度就可進行這種測量了。**地表上的物體掉落是加速度量值為9.8公尺／秒^2（m/s^2）的等加速運動**（右頁圖1-10-3）。因為受到地球引力的影響，不管在日本還是美國，抑或是非洲，在地表上任何一處測量此加速度均相同。因此，一般都將此加速度稱為重力加速度。

　　不過嚴格來說，所處位置為山頂或山腳下、緯度高的區域或緯度
低的區域，以及地底下是否有堅硬的岩石等，均會造成重力加速度些
微變化。

圖1-10-3　重力加速度

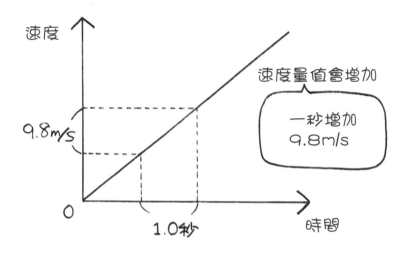

11. 斜拋運動是
　　　垂直及水平運動的結合

　　拋出物體時，物體的運動軌跡呈拋物線，稱之為斜拋運動（見圖 1-11-1）。過去，日文中也曾以「拋物線」三個漢字代表此種運動軌跡，拋為「扔擲出去」的意思。

　　若在空氣中將棒球扔出，棒球會受到空氣阻力的作用。若我們不考慮空氣阻力來計算的話，則其運動軌跡為拋物線。

　　拋物線就數學來說，就是我們國中時學的二次函數（右頁圖 1-11-2）。二次函數一般以 $y = ax^2$ 表示，所有的二次函數僅僅是常數 a 的值不同而已。若將球往斜上方丟出，則 a 的數值較大；若拋擲角度較小、接近水平，則 a 的值會變小。丟球的時候，水平方向則會以

圖 1-11-1　拋物線與斜拋運動

圖 1-11-2　拋物線為二次函數

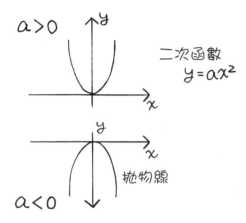

等速度運動，垂直方向則為上拋運動。斜拋運動，就是此兩種運動的結合。

　　丟球時，以什麼角度向上丟出，球會飛最遠呢（下頁圖 1-11-3）？若考慮沒有空氣阻力的情況，計算就相當簡單，答案為 45 度。人們就算不實際計算，也能靠身體的直覺得到答案，而俐落的將球扔擲到遠方。

　　說到這裡，以前聽過棒球比賽的某位球評曾說：「這個選手打出去的球，最後都飛得好遠。」這種說法完全忽略了物理的法則。球一旦離開了球棒，就會遵循物理法則循斜拋運動。之所以接不到球，並不是因為球最後飛得遠，而是無法正確預測落地位置的關係。

　　在地表上重力的作用方向為垂直向下。若非垂直上拋或下拋，則物體拋出後，均會以拋物線軌跡運動（下頁圖 1-11-4）。

圖1-11-3　可以飛最遠的角度是？

圖1-11-4　斜拋運動為垂直方向及水平方向運動的結合

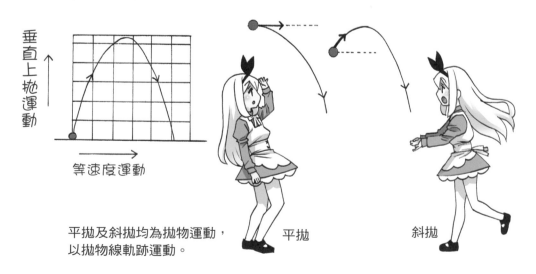

12. 慣性：物體無法馬上運動，也無法立刻靜止

　　我們在路上會看到交通安全標語寫著：「不要突然衝出馬路，車子無法立即停下。」這樣的說法不僅很適合作為標語，也完美體現物理的慣性定律。重點就是：就算要求駕駛立即煞車，車子也無法「立刻停下來」。原因是車子會有**繼續進行當下運動模式的傾向**。反之，要讓一輛靜止的車子「突然動起來」，也是辦不到的。

　　這種「難以產生變化」的特性就稱為慣性（圖1-12-1）。

圖1-12-1　慣性定律的例子

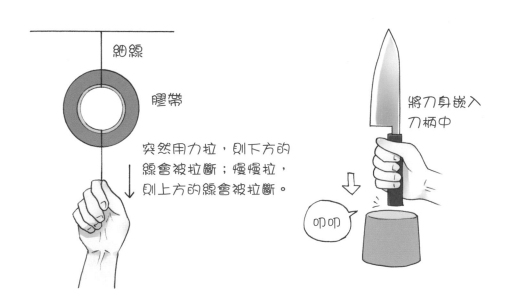

細線

膠帶

突然用力拉，則下方的線會被拉斷；慢慢拉，則上方的線會被拉斷。

將刀身嵌入刀柄中

叩叩

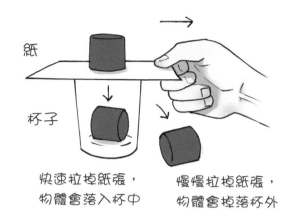

紙

杯子

快速拉掉紙張，
物體會落入杯中

慢慢拉掉紙張，
物體會掉落杯外

　　人們常說自然界非常保守。如果我們對物體施以巨大的力量，物
體就容易移動，也容易停止。物體難以移動或是難以停止時，前提就
是也有同樣量值的力正在作用。針對慣性定律，牛頓的著作《自然哲
學的數學原理》一書中有以下的論述：

　　「所有的物體，只要沒有外力改變其狀態，均會維持原本狀態，
不論該狀態是靜止或是在直線上等速運動」。
　　（河邊六男／責任編輯《牛頓》，中央公論社，1979年）

　　慣性定律的重要之處在於：當沒有外力作用時，物體會以何種方
式運動。當沒有外力時，物體將維持靜止，或是繼續等速度運動。此
時，假設科學家乘坐於該物體上觀察其運動，那麼此時科學家將無法
分辨自己正以什麼方式運動，也就是無法分辨自己是靜止，抑或是在
等速度運動（右頁圖1-12-2、圖1-12-3）。

圖1-12-2　慣性定律的重點

等速運動中，無法分別自己是靜止的或是正以等速度移動。球也會垂直掉落。

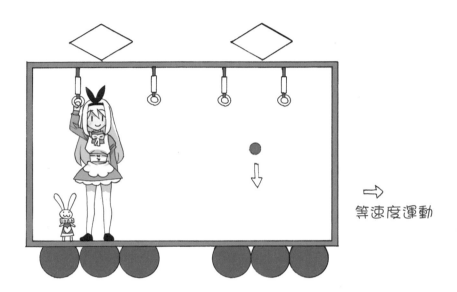

等速度運動

圖1-12-3　左右如果以同樣量值的力來拉？

若左右以同樣量值的力拉，可能會靜止，但若加入新的力，也可能等速度移動。

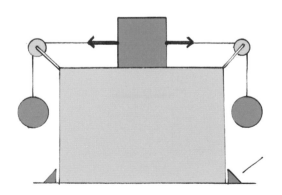

13. 質量和加速度越大，力越大

　　運動方程式 $F = ma$ 是描述物體運動時最基本的一條方程式。m 代表質量（單位為公斤〔kg〕），a 則為加速度（單位為公尺／秒^2〔m/s^2〕），F 則是外力（單位為牛頓〔N〕）（圖1-13-1）。當對物體施力時，可以此方程式描述物體的運動狀態。我們以簡單的例子來確認此方程式。假設有一量值為3.0牛頓的外力，施加於質量2.0公斤的物體上。代入運動方程式後，得到2.0 × a＝3.0的關係式，因而可以得出a＝1.5（m/s^2）這個計算結果（右頁圖1-13-2）。如果對這個質量為2.0公斤的物體，不斷施加量值為3.0牛頓的力，此物體就

圖1-13-1　運動方程式 $F = ma$

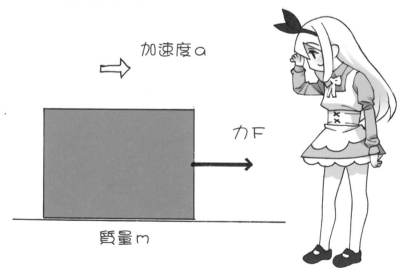

會以 1.5m/s^2 的加速度不斷加速移動（圖1-13-3）。

　　我們可以靠著這條方程式，非常方便的得出結果。只要知道力、加速度、質量三者中的其中兩項，就可以利用方程式，計算出剩下的

圖1-13-2　若有外力3.0牛頓，作用於質量2.0公斤的物體上，結果會如何？

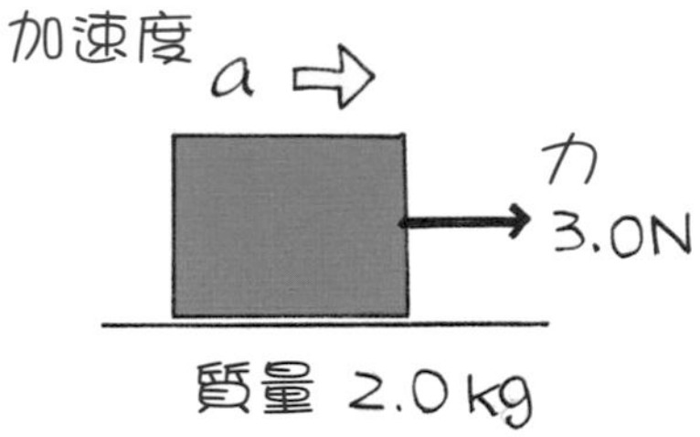

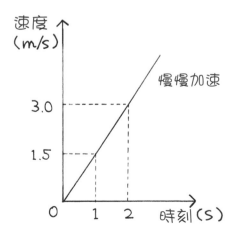

$$F = ma$$
$$3.0 = 2.0 \times a$$
$$\therefore a = 1.5\text{m/s}^2$$

圖1-13-3　慢慢加速

一個變數。

我們還可以從這條方程式中得知其他資訊。如果要使質量（m）較大的物體產生一樣的加速度（a），就需要較大的力（F）。若施加同樣量值的力 F 於物體上，且物體很難移動（加速度 a 小）時，可以知道物體的質量 m 很大。儘管日常生活中也可輕易感受到這種現象，但如果以方程式來驗證思考，就能更深入理解。

此方程式也適用於無外力作用的狀況。將 $F = 0$（N）代入方程式後，可以得知 $a = 0$。加速度為零，意味著物體靜止或是正進行等速度運動。反之，若物體靜止或是等速度運動時，就代表沒有外力作用（圖1-13-4）。

若以亞里斯多德的哲學思維來看，「小石頭是為了回到自己原本所在的地方（地球）而落下」，但從運動方程式來看，這並不是小石頭的意志，而是「因外力作用而落下」。

圖1-13-4　**沒有力作用的情況**

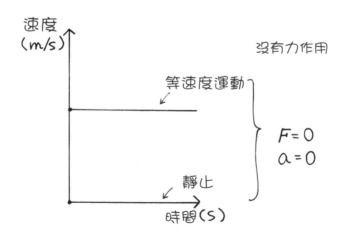

14. 搭捷運最有感覺的力 ——慣性力與離心力

　　搭捷運時，若列車突然緊急煞車，身體就會往前傾（圖1-14-1）。如果是平常站在平地上，卻感覺到身體前傾的話，那一定是突然被誰推了一下，或是拉了一把。所以這樣說來，在突然煞車的列車車廂裡頭，也有人推了你一把？如果是這樣的話，別人的手應該會接觸到自己的背部。但事實上，在列車中明明沒有人碰到你，卻會有被推的感覺。像這樣明明沒有接觸點，也就是沒有直接的外力作用下，

圖1-14-1　**慣性力**

行進中的列車，在緊急煞車時會感受到的力。

卻感覺被推了一下的情況，一般稱這種無形的力為假想力。物理學上稱為慣性力。

在突然煞車的列車車廂中，我們會說「有一股往前的慣性力作用」。緊急煞車時，如果仔細觀察，會發現吊環往前傾（圖1-14-2）。如果有一輛列車，車廂中看不到窗外景色，聽不到任何聲音，也沒有任何搖晃的話，儘管乘客無法感受到列車正在移動，但可以透過吊環的傾斜方向，進而得知正在煞車、速度正在變慢。列車若是靜止，吊環自然就不會傾斜。那麼，如果保持等速直線移動，會怎麼樣呢？此時吊環也不會傾斜。換句話說，對乘客來說，列車是靜止的，抑或是保持等速移動都沒有差別（右頁圖1-14-3）。相反的，如果看

圖1-14-2　如果是完全無法得知車外狀況的車廂的話？

不管是看到吊環往前傾斜，或是自己感受到一股往前拉的力量，都可以感覺車子正在減速。

到慣性力作用時，就可得知列車正在加速度運動。

　　汽車在彎道轉彎時，乘客常會覺得好像被往外甩。這也是一種慣性力。於彎道轉彎時，汽車在做圓周運動，此時會有**往外的慣性力作用。圓周運動時作用的慣性力，一般稱為離心力。**圓周運動也是加速度運動的一種。

圖 1-14-3　等速直線運動中的列車

垂直向下

不知道現在是等速直線移動或是靜止狀態

因為吊環不會傾斜，所以無法得知列車是等速直線運動或是靜止狀態。

15. 萬物之間都有引力，
　　誰離不開誰？

　　想必大家都知道，牛頓是發現萬有引力的科學家。那麼，「發現萬有引力」指的到底是什麼意思？這邊有一個大前提是，必須要有行星在太陽周圍運動才行，這不是天動說，而是地動說。行星運動的軌跡不是圓形，而是橢圓形（圖1-15-1）。到這裡為止都是由克卜勒闡明的現象。

　　當行星繞著橢圓形軌道運動時，**太陽與行星之間「有何種力在作用？」、「何種力作用才會使運動軌跡成為橢圓？」**，以上這些問題則是由牛頓解決的。牛頓發現兩個天體之間，會有一股量值與距離平方

圖1-15-1　行星運動的軌跡是橢圓形

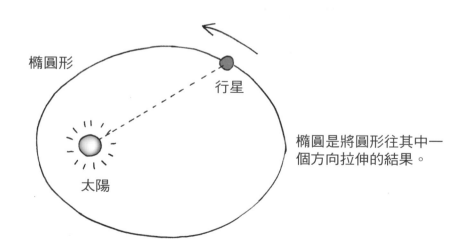

橢圓形

行星

橢圓是將圓形往其中一個方向拉伸的結果。

太陽

成反比的引力作用，彼此互為作用力與反作用力（圖 1-15-2）。如果將引力量值寫成數學式，可以寫成下列式子。

$$F = \frac{K}{r^2}$$（F單位：牛頓，K：比例常數，兩物體重量的乘積，r：距離）。

因為分母是距離的平方，又被稱為平方反比定律。

上述方程式不管對於掉落地表的小石子，或是繞著地球轉的月球，均同樣適用。在過去一般大眾認為「地上與天上為兩種不同的世

圖 1-15-2　萬有引力法則

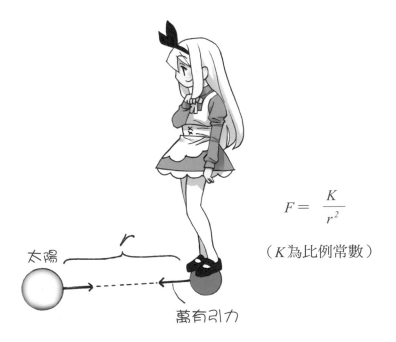

$$F = \frac{K}{r^2}$$

（K為比例常數）

太陽

r

萬有引力

界，遵循不同法則」的時代背景下，牛頓則提倡「不管天上還是地上，均遵循相同法則」。

天體除了橢圓形軌道外，也有一些是繞行拋物線軌道或雙曲線軌道（圖1-15-3）。**從數學上已經得知，圓、橢圓、拋物線、雙曲線只是離心率不同而已，其本質相同。若應用平方反比定律，就知道這些不同的軌道形狀都是必然的。**牛頓也在自己的著作《自然哲學的數學原理》運用這個法則，計算天體的運動方式。

既然稱為「萬有」引力，就意味著它也適用於身邊任何物品。我們與站在旁邊的人之間其實也存在著引力。不過，腳下的地球所施加的引力，約是人與人之間的引力的二十億倍，是無法相提並論的。

行星與太陽之間有引力，但太陽重量很大，所以行星不會飛離太陽；人不會飛離地球，也是一樣道理。

圖1-15-3　拋物線軌道與雙曲線軌道

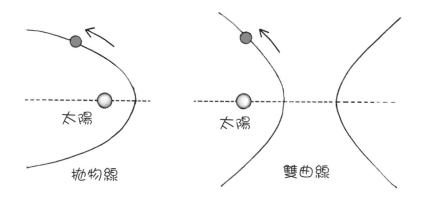

16. 利用既有單位，
創新單位

　　物理學中使用的數字都有單位。例如長度1.5公尺（m），速率每秒2.5公尺（m/s）等。加速度則是以3.5公尺／秒²（m/s²）的方式表示。這些物理量都帶有最基礎的單位，一般稱為基本單位。

1. 長度：公尺，記號為 m。

2. 質量：公斤，記號為 kg，k 是指「kilo」，也就是一千倍的意思。

3. 時間：秒，記號為 s，是「second」的縮寫。

　　使用以上三個基本單位時，稱為 MKS 制。我們來看看以下兩種情況，哪個比較快？

①4秒跑完20公尺　②6秒跑完24公尺

　　因為計算速率的公式為「速率 $=\dfrac{距離}{時間}$」，

　　① $\dfrac{20\,(\mathrm{m})}{4\,(\mathrm{s})} = 5\,(\mathrm{m/s})$、② $\dfrac{24\,(\mathrm{m})}{6\,(\mathrm{s})} = 4\,(\mathrm{m/s})$

　　我們可以分別得到①20m/4s ＝ 5m/s、②24m/6s ＝ 4m/s，所以第一個情況是比較快的。這邊的速率單位之所以是「m/s」，是因為我們將距離 m 當分子，而將時間 s 當分母來計算。計算後的結果就帶有單位了（下頁圖1-16-1）。如果距離與時間分別以 km（公里）及 h（hour, 小時）表示的話，速率就會以20km/h的方式表示了。速率的單位，共通點是分子放距離單位，而分母放時間單位。

　　就如同這樣，各種物理量並不是每個都要加上新單位，而是靠著

圖 1-16-1　**速率的單位**

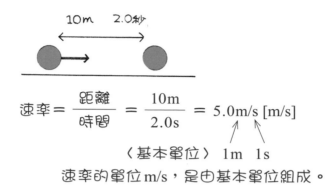

$$速率 = \frac{距離}{時間} = \frac{10m}{2.0s} = 5.0m/s\ [m/s]$$

〈基本單位〉　1m　1s

速率的單位m/s，是由基本單位組成。

基本單位的組合形成新單位，一般稱這種單位為導出單位。例如加速度為m/s²，力的單位為kg · m/s²（圖1-16-2）。單位可以用基本單位的組合來表現（右頁圖1-16-3）。

國際間規定的國際單位制（縮寫為SI）中，定義的基本單位有以下七種：長度（公尺，記號為m）、質量（公斤，記號為kg）、時間（秒，記號為s）、溫度（克耳文＝Kelvin，記號為K）、電流（安培，記號為A）、光度（燭光，記號為cd）、以及物質量（莫耳，記號為mol）。

圖 1-16-2　**力的單位**

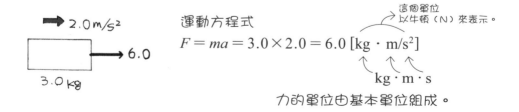

圖 1-16-3 　基本單位及導出單位

基本單位

長度　　m　　公尺
質量　　kg　　公斤
時間　　s　　秒

只要有這些基本單位，就可以組合出其他的單位。

為何滑冰選手旋轉時，要收起手臂？

在力學中，為了表示運動的激烈程度（運動量大小），會使用**質量與速度的乘積——「動量」**。也就是說，**如果物體的質量或是速度大的話，動量就會比較大**。它有一個特性：「若物體不受外力作用，則不會改變（動量守恆律）；而動量改變的劇烈程度（動量時變率）等於施加的外力。」

同樣的，在旋轉運動中，也可以用「角動量」來探討「旋轉的激烈程度」。旋轉時，角動量在沒有力矩作用時，也會守恆。如下圖所示，若將重物連接於長棍末端運動時，**繞著轉軸旋轉的激烈程度較強**，因此可以用角動量 L 為 $r \times mv$ 的公式來計算。若使用角速度 ω（一秒旋轉過的角度）表示，則可以寫成 $L = mr^2\omega$（參照下圖）。

花式滑冰表演最後進入高潮時，選手常常會加速旋轉，然後做出令人感動的收尾。這時各位是否注意到，選手旋轉時，往往會隨著速度增加而將延展的雙臂往身體方向內縮。這是因為雙臂內縮後，旋轉半徑r就變小，而因為選手的角動量守恆，為了彌補r的減少，ω 就會因此變大的關係—也就是旋轉會變快。實際上滑冰選手都是利用冰刀的刀刃旋轉，利用角動量守恆律，就能更容易做出高速旋轉。

另外順帶一提，讓十元硬幣一直在地上旋轉的真正原因，也是這個角動量守恆律。

●旋轉的激烈程度

●運動的激烈程度

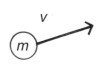

動量 p＝
質量 m× 速度 v

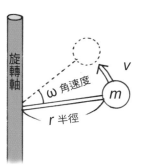

角動量 $L = rmv$，
若利用角速度 ω（一秒旋轉的角度），
因為 $v = r\omega$，進而得到 $L = mr^2\omega$。
這裡綜合了前面的速率和力學

第 2 章

物理的「功」與「能」，有什麼功能？

　　學物理時必須注意一件事，那就是用語。例如力及功，在力學領域中代表基本的物理量。然而，這些基本物理用詞的意義時常被誤用。其中「力」及「功」不僅是物理學用詞，也作為日常生活用語，生活中常見的滑輪和天平，也都和「功」與「能」有關。

1. 出力的同時位移，才是作功

學物理時，必須注意用語。例如「力」及「功」等，在力學領域中代表基本的物理量，然而，這些基本物理用詞的意義時常被誤用。其中「力」及「功」不僅是物理學用詞，也作為日常生活用語，常因兩者意思不一樣造成疑惑。

比方說，請先閱讀以下的說明。

「提著行李的人，如果往水平方向移動10公尺，那麼他對行李作的功為零」。

若將日常生活中說的「功」，與物理混為一談的話，就會認為這段說明十分不合理。明明好不容易把行李搬了10公尺、額頭都冒汗了，居然說作功為零？關於這個令人不解的謎題，我們稍後將會詳細說明。

建議大家，先將「力」及「功」與日常生活用語稍微切割，想成是新的物理用語來理解其代表的意義。當然也不是跟日常用語一點關係都沒有，只是先跳脫平時使用的語言習慣來思考，這很重要。事實上，物理學用語中的「力」及「功」，與日常生活中廣泛使用、有多種意義的「力」與「功」不同，非常單純。因為「作功」為理解功與能原理的前提，我們在此先思考一下「功」的意涵。物理學上，對於作功最初步的定義如下。

「對物體作的功（J＝焦耳）
＝對物體施的力（N＝牛頓）× 物體的移動位移（m＝公尺）」

W（功）＝F（力）×s（位移）

　　若用細繩以1牛頓的力拉動物體，並於施力方向使其移動1公尺，就可以說「該細繩」，或是「該施力」對物體作了1焦耳的功。

　　又比方說，若用與物體所受重力相等的力，將該物體往上抬的情況，由於1牛頓的力約為100公克重（gw），1焦耳大約為將橘子（100公克）往上抬1公尺所需的功。感覺不怎麼樣吧？但就跟1牛頓的力一樣，這種規模的功，在探討生活周遭的物體運動時，運用非常廣泛。

圖2-1　1焦耳的功

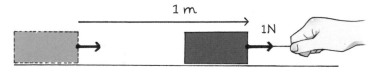

透過細繩以1牛頓的力拉動物體，並於施力方向
使其移動1公尺，此時就對物體施加1焦耳的功。

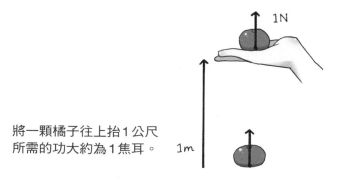

將一顆橘子往上抬1公尺
所需的功大約為1焦耳。

2. 為什麼搬了重物，
作功竟然是零？

　　這一節為各位說明前一節中提到的「不合理」論述。首先，重要的是，不管額頭冒多少汗，不管之後多疲累，這跟物理學中所說的作功一點關係都沒有，這點要先釐清。總之，物理學中定義的作功，就是以下這個公式：

　　作功（焦耳〔J〕）＝力（牛頓〔N〕）×移動距離（公尺〔m〕）

　　除此之外沒有其他的意涵。不過，既然拿著行李，代表一定有施力，而且又把行李搬了一段水平距離，這樣也是有移動距離，不是嗎？不過，我們還是說在這種情況下，對行李作的功為零。其實，物理學中說的「功」，還有更嚴謹的定義。

> ♠對於作功，更嚴謹的定義：
> 對物體施加的功（焦耳〔J〕）
> ＝物體所受之**移動方向的分力**（牛頓〔N〕）×
> 物體移動的位移（公尺〔m〕）
> 即 $W = F_s \times s$

　　當人搬運行李時，行李所受的力幾乎是垂直向上。這樣一來，行李所受之**移動方向的分力**為零。因此，該力對於行李，事實上沒有作

功。如果不能將「作功」從日常生活用語中切割，或許就不能理解這看似不合理的論述吧。不過，就是因為如此定義作功，才能讓作功的概念更豐富，且能實際派上用場。

「與物體移動的方向垂直的力」，對物體不作功」，從這個結論繼續發展下去，來探討不同方向受力所作的功。如果力的方向與物體移動方向恰好相反，那麼對物體作的功又會如何？

若是認為「物體會往受力的方向移動才對」的話，就代表還沒有完全從生活用語中的「施力」抽離出來。在考慮作功大小的時候，物體移動的原因不一定得是因為某個施力所造成。

也就是說，若定義移動方向為正，那麼與移動方向相反的力所作的功，就可定義為負值，因此對物體作的功就是（負的力）×（正的位移）＝（負的功）（圖2-2-1）。

此外，若相對於移動方向來說，施力為斜向的話，如果充分理解力的合成及分解，此時只需取移動方向的分力（成分）即可（下頁圖2-2-2）。

圖2-2-1　負功（-1焦耳）

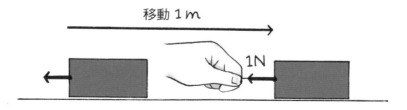

移動 1 m

1N

力的方向若與移動方向相反，則施力作負功。請注意此時力的方向是妨礙物體移動的方向。

圖2-2-2　斜向的力所作的功

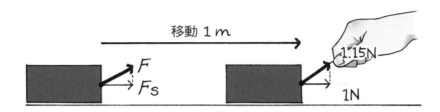

對物體作的功為1焦耳，但來自細繩的拉力並不為1牛頓。圖中力的方向大約與水平方向呈30度角。

3. 靜力平衡：
施力N焦耳，但「虛功」

　　之前提過，若將重量為1牛頓的橘子往上抬1公尺，需要1焦耳的功（1牛頓就是約100公克物體所受到的地球引力）。

　　不過橘子所受的力，並不只有手心支撐的1牛頓的力而已。正因為橘子承受地球的引力（1N），我們才有辦法用與之抗衡的力，抬起橘子。

　　那麼，此時作功的是哪個力？如果讀者認為：「那當然是手心給予的力囉！因為橘子往上移動了。」那就代表想法還沒有脫離日常用語的「作功」（施力）。

　　物理學所說的作功的力，就定義來說，並不需要是「造成物體移動」的力。就如同上節說的，就算是**妨礙物體移動的力，也要想成是作功的力**。沒錯，橘子所受的1牛頓的重力，就是妨礙其向上移動的力，此時重力就是作負功（－1焦耳）。

　　「什麼？那這樣對橘子作功的總和，不就變成1焦耳－1焦耳＝0了嗎？」。沒錯！如果統整對橘子作的功後，就得到以下的結果。

　　手心對橘子作的功：$1N \times 1m = 1J$
　　地球對橘子作的功：$-1N \times 1m = -1J$
　　所有力對橘子作功的總和：$1J + (-1J) = 0$

　　如上述例子，要計算對移動物體所作的總功時，如果同時受到多

種力的作用，就要一一考慮各種力所作的功。

　　針對靜力平衡及作功的關係，可推導出一項重要的法則：「物體在靜力平衡下移動時，所有受力所作的總功為零。」此法則隱含了兩項重要的內涵：

（1）若物體同時受到兩種以上的外力作用時，外力所作的總功為個別的力作功的總和。

（2）若物體移動時，外力對物體作的總功為零，則代表物體處於靜力平衡的狀態（若合力為零，則作的總功也為零）。

　　第二項內容尤其有用。就算不是刻意移動物體，「如果物體移動」且對物體所作的總功為零，物體就一定處於靜力平衡狀態。因此這可視為一種力平衡的條件，稱之為「虛功原理」。

♠虛功原理：
物體移動，但外力對物體作的總功為零，那麼該物體處於靜力平衡的狀態。

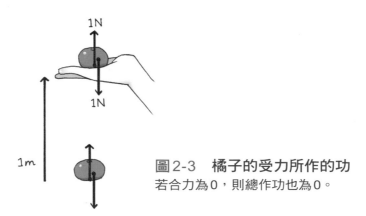

圖2-3　**橘子的受力所作的功**
若合力為0，則總作功也為0。

4. 利用「虛功原理」，
探討物體組合維持平衡的條件

◆ 只要知道移動方式，就知道受力情況

　　「虛功原理」在不同物體組合而成的複雜狀況中，將發揮極大的功用。這裡提出幾個相對簡單的物理問題，來驗證此原理的威力與效用。請各位一起想想看。

♣問題

　　假設這邊有兩根重量很輕的棒子連結在一起，可自由旋轉。轉軸處掛有砝碼，假設其重量為10牛頓。下頁圖2-4中向下的箭頭，代表兩條連桿受到砝碼作用的力為10牛頓。假設連桿具有長度，運動只在圖中的平面上發生（不會往垂直的紙面方向傾倒），那麼必須用手指壓住連桿下端，否則連桿會立即塌下。當連桿間的角度呈90度時，為了撐住重量為10牛頓的砝碼，兩支連桿下端需要多少水平力量F呢？

　　這個問題本來也必須考慮轉動的平衡，是個相當複雜的題目。但這邊請試著使用虛功原理來解題。我們將焦點放在連桿上。當然目的是要支撐住砝碼的重量，但這邊假設在維持平衡狀態下，只要稍微從兩端施力，砝碼即向上移動。

　　或許沒有實際操作，可能不容易想像，若此時使連桿下端往水平
方向移動微小距離x，則砝碼上升的微小距離y與x相等。我們從虛功
原理知道，平衡的條件為「對連桿施加的總功必須為零」，可以列出
以下方程式：

$$2 \times F \times x + (-10〔N〕\times x) + 正向力 N \times 0 = 0$$
從兩端施力　　　對抗10N物體不　　但也不能導致上移
　　　　　　　　下塌

　　因此我們得知F＝5〔N〕。等式最後一項為0，是地板施加的垂
直正向力貢獻的部分。

圖2-4　虛功原理

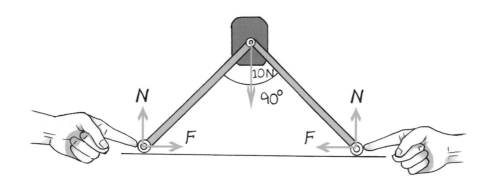

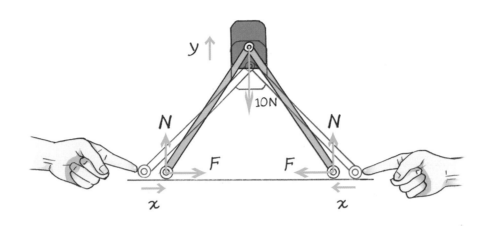

砝碼上升的微小距離 y 無限小的情況下，將與橫桿下端的移動距離 x 相等。若可以實際操作，也不妨實測移動距離，但移動距離必須夠小。

5. 想省力，臂就得拉長一點

♦ 力的轉換與移轉原理

　　大約兩千年前，有一位名叫希羅（Heron）的人在希臘非常活躍。他當時提出了五種簡單機械，分別是螺絲、楔子、槓桿、滑輪以及輪軸。所謂的簡單機械，指的是可以**「改變施力的量值及方向，並可以移轉力的裝置」**。那麼，槓桿究竟是如何改變施力量值及方向，並將施力移轉至目標物上？

　　我們可以將槓桿想成是一種兩臂長不相等的天平，此時則聚焦在天平的橫桿部分。假設天平衡桿很輕、重量可忽略，兩側的力臂長比例為1:3，此時若要將懸掛於左端的砝碼往上抬，右端需要向下施加多少力？

　　大家應該在小學自然課時，都學過槓桿原理，但上了國中後，可能沒機會複習，也許都已經忘了。左右兩端施力的量值與兩側力臂長成反比，也就是可以想成「力×力臂長」（第1章第7節中所說明的力矩）為定值。

　　遵照這個原理，若左邊砝碼重9牛頓的話，右邊需要的力就為3牛頓。若於右端懸掛3牛頓的砝碼，則天平可以保持平衡。因此，要將砝碼抬起只需要三分之一的力即可。這邊的重點是：

1. 向下的施力轉換成向上的施力。

2. 需要的力減小了。

力可以藉由槓桿這種機械轉換。

◆ 功的原理

在說明虛功原理時，儘管物體未實際移動，也可以假設「如果移動了」的情況，來探討虛擬的作功。槓桿這種裝置則是靠著物體實際的移動，來幫助其作功。在探討簡單機械時，一般認為「功的原理」是成立的。

> ♠功的原理
>
> 簡單機械可以變換施力的方向及量值，但無法改變作功的量。

在此用槓桿的習題來確認其意涵（見下頁圖2-5）。從相似三角形的原理可以得知，當要將左方的砝碼抬起10公分時，橫桿右端必須要向下壓30公分。此時，以下式子是成立的。

$$9N \times 0.1m = 3N \times 0.3m$$

換句話說，要將9牛頓的砝碼直接向上抬，需要的功為0.9焦耳。儘管使用槓桿，減少施力為三分之一，但因此使移動距離變成三倍，所必須施加的功仍為0.9焦耳，也就是施力減少的同時，槓桿末端的移動距離就得變長，可謂一好一壞。

圖2-5　槓桿上功的原理

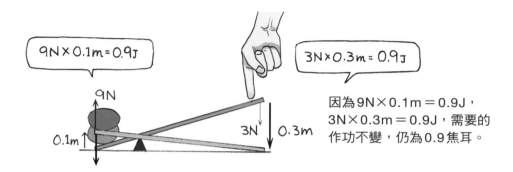

因為9N×0.1m＝0.9J，
3N×0.3m＝0.9J，需要的
作功不變，仍為0.9焦耳。

6. 用距離換取省力：斜坡、滑輪

◆ 斜面上的功——原理

　　假設有一個邊長比為 3:4:5 的直角三角形平臺，其斜邊為光滑的斜面。沿著斜邊將 10 牛頓重的物體往上拉，此時需要的力為：

$$10N \times \frac{3}{5} = 6N$$

請見圖2-6-1。此時細繩的拉力與斜面施加的正向力、重力這三種力達成平衡，平衡時三力的量值比例為3:4:5。

圖2-6-1　斜面上的功的原理

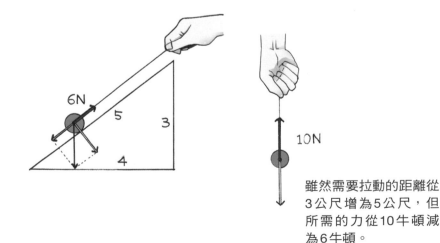

雖然需要拉動的距離從
3公尺增為5公尺，但
所需的力從10牛頓減
為6牛頓。

那麼，假設斜面長度為5公尺，將物體從斜面下方拉至上方時，細繩的張力對物體所作的功為：

$$6N \times 5m = 30J$$

以結果來看，物體被抬高至距地面3公尺處；如果是直接將物體抬高3公尺，則需要的力為10牛頓，因此需要作的功為：

$$10N \times 3m = 30J$$

我們發現功的原理在這裡也成立。同時也發現斜面是一種簡單機械。此外，要注意物體在斜面上移動時，正向力不對物體作功。

◆ 定滑輪與動滑輪

這邊再舉另一個簡單機械的例子。滑輪是一種藉由將細繩纏繞於可自由旋轉的圓輪上，以改變施力的機械。旋轉軸心固定、不能移動的滑輪，稱為定滑輪；而中心軸可配合細繩移動方向而移動的滑輪，稱為動滑輪。定滑輪可改變施力方向，但不能改變力的量值；而**動滑輪可將施力量值減至接近一半**（右頁圖2-6-2）。

這邊為了簡化問題，假設滑輪本身的重量很輕可以忽略。以力的平衡來看，動滑輪由於靠著兩條細繩懸拉，拉力只需要一半。

用功的原理來看這個問題。實際拉一次動滑輪，應該就會知道，要將懸掛於動滑輪下的重物往上拉1公尺，需要將細繩向下拉2公尺。也就是移動距離雖然增為兩倍，但只需要一半的力。

圖2-6-2　滑輪上的功的原理

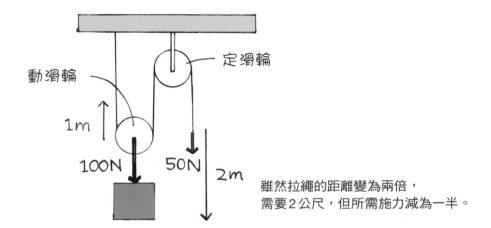

動滑輪

定滑輪

1m

100N　50N　2m

雖然拉繩的距離變為兩倍，
需要2公尺，但所需施力減為一半。

7. 用「功」的原理來設計機器

♣問題1　黑箱裝置

　　如圖2-7-1，黑箱裝置下面有2條繩子，將A往下拉後，B就會上升。假如A往下拉40公分後，B會上升10公分，若B下方懸掛8牛頓的物體，A需要以多少力向下拉呢？

圖2-7-1　黑箱裝置

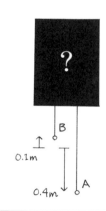

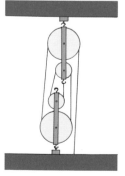

♣解答1

　　可以使用功的原理解這個問題。

① 以F大小的力，將A向下拉40公分所作的功為：$F \times 0.4$m

② 將懸掛於B的物體，向上拉10公分所作的功為：$8N \times 0.1$m

　　因為①作的功會完全轉換為②，兩者數值必須相等。我們可由此得出$F = 2N$。

　　實際把砝碼掛上去，看看平衡狀態。其實黑箱中的機關是由兩個動滑輪及兩個定滑輪組成的滑輪組。

♣問題2　勞伯佛天平

　　十七世紀時，法國的數學家勞伯佛（Gilles de Roberval）想出一個有趣的天平，如右頁圖2-7-2所示。分別在離中央

點等距的左右位置上掛上等重的砝碼。此時，若將左方的砝碼懸掛位置往右移，那平衡狀態會如何改變？

圖2-7-2　**勞伯佛天平（Roberval Balance）**

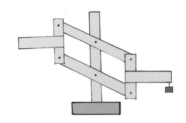

♣解答2

　　令人覺得不可思議的是，天平仍舊維持平衡狀態。請再回想一次此天平的動作模式。若左方下移5公分，右方的懸臂也會在保持水平狀態下向上移動5公分。也就是說，右方懸臂的每個位置，均會上升相同的距離。若用「功」的原理思考，因為移動的距離相同，代表需要的施力，不論何處均相同。

　　被稱為勞伯佛機械裝置的此種架構，現今也常用於上皿天平等裝置。可以藉由維持秤皿的水平狀態，使砝碼不論放置於何處，均不會因位置造成偏差。

圖2-7-3　**如果改變砝碼的懸掛位置的話？**

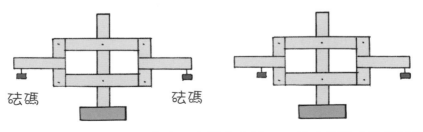

砝碼　　　　　　　　　　砝碼

就算改變砝碼的懸掛位置，天平仍然維持相同狀態。

8. 能量＝作功的能力，一定要運動

「能量」這個詞彙，常會在日常生活中用於許多不同的意義。不過，物理學所說的能量，就如同「力」與「功」一樣，具有相當單純且清楚界定的含意。能量在物理上的定義為：

「能量＝作功的能力」

僅只如此而已。因此，測量能量多寡時，必須測量該對象物體「能夠作功的量」。因此，能量的單位與功的單位相同，均為焦耳（J）。儘管能量一直被視為是一邊轉換許多面貌，一邊轉移成不同形式的存在，但不管怎麼變化，只要仍是能量，如果不能測量其作功的量，就沒有任何意義。作功可以視為能量換算時的共通「貨幣」。

物體具有能量，即代表擁有對其他物體作功的能力。那麼，到底什麼狀態下的物體能夠作功？這裡做個簡單的實驗。我們讓鋼球於軌道上加速，使之撞擊乾電池。於是，鋼球推動乾電池並在軌道上移動，最後因摩擦力停止。此時對乾電池作功並使之往前移動的，毫無疑問就是鋼球（具備速度的物體）。

換句話說，**具有一定速度、運動中的物體**，透過運動而具有作功的能力（即能量），一般稱這種能量為動能。

動能與運動中的物體質量成正比。在方才的實驗中，先聚焦在鋼

球上的話，會發現鋼球受到乾電池給的反作用力後產生減速作用，最終靜止。若鋼球的質量變為兩倍，乾電池移動的距離也幾乎變為兩倍。這在運動法則上與「受力相同時，物體產生的加速度與其質量成反比」有直接關係，若質量越大，則加速度較小，但到完全靜止（能量用盡）時需要花更多時間，移動距離也因此增加。

　　另外，動能與物體速度的平方成正比。若初速較大，那麼以一定的負加速度減速時，需要的時間較長，移動距離也增加。以結論來說，可以得知：

$$物體的動能（J）＝ \frac{1}{2} \times 物體的質量（Kg）\times（物體的速度〔m/s〕）^2$$

圖2-8　動能

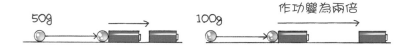

質量50克（g）與質量100克的情況。**質量變為兩倍，作功也變為兩倍。**

速度變為兩倍時，作功變為四倍。

9. 要給它動能，
就必須對它作功

　　運動中的物體具有作功的能力，也就是具有動能。另一方面，靜止的物體若要具備動能，則必須靠外力對它作功。根據運動定律，物體要具備速度，必須先受力得到加速度。其實兩者只是一體兩面，換個說法而已。

　　♠加速度與力的關係（運動方程式）
　　物體的質量 × 物體產生的加速度＝物體所受的力

　　♠作功與動能的關係（能量的原理）
　　物體動能的變化＝外界對物體所作的功

　　以結論來說，外界對物體作功後，物體靠著產生速度獲得動能，接著透過與其他物體碰撞等行為，對其他物體作功而失去動能。我們準備一支吸管與恰好可以放進吸管中的火柴。吸管準備兩支，一支為原本的長度，另一支剪成一半長度。之後將火柴棒放進吸管中，用嘴巴含住吸管用力吹，這就是簡單的吹箭。

　　在這種情況下，如果用長短兩支吸管，從同樣的高度往水平方向吹出火柴，哪一支吸管的火柴會飛得比較遠？先預測一下之後，再實際實驗看看吧。吹箭能夠飛行的距離與飛出吸管的初速幾乎成正比。因為從同樣高度朝水平方向飛出去的物體，其落地前的飛行時間是一

樣的。因為水平方向的速度分量維持相同，因此：

飛行距離（m）＝〔初速（m/s）〕×〔落地所需時間（s）〕

實驗後會發現，長吸管中的火柴飛得比較遠。其原因可以用三種方式說明，也就是「吹箭力學」。

♠由運動定律來說明：
長吸管中的火柴受力時間較長，因此飛出吸管時的初速較大。

♠動量：由衝量（受力與受力時間的乘積）說明（為運動定律的直接換句話說）。
因長吸管中的火柴所受之衝量較大，動量也較大。

♠動能：由功能原理說明（為運動定律的間接換句話說）。
因長吸管中的火柴接受外界作功較大，離開吸管時動能也較大。

　　對吸管吹氣時，假設空氣對火柴棒的推力恆定，火柴受到吸管作用的動摩擦力也幾乎相同，因此火柴棒受到的外力總和也始終相同。因此，若吸管長度變為兩倍，合力對火柴作的功也幾乎是兩倍。根據能量原理，靠著對火柴作的功，火柴獲得的動能也變為兩倍。另一方面，動能與速度的平方成正比，因此火柴飛出吸管的速度將變成 $\sqrt{2} \fallingdotseq 1.4$ 倍，理論上飛行距離也增加1.4倍，所以，同樣重量的砲彈，長砲管的射程比短砲管遠。

10. 重力可形成位能，
世界不該是平的

　　在之前與動能相關的衝撞實驗中，進一步確認了速度變兩倍，則動能會變為四倍（參見第2章第8節）。但是，大家會不會覺得讓速度變為兩倍很困難？事實上，這個實驗有一個小訣竅。提供鋼球速度時，我們使用了斜面。要讓速度變為兩倍，就將鋼球放在斜面上四倍高度的位置。也就是說，如果要讓速度變為三倍，那就將高度拉至九倍。要讓速度變x倍，高度就設為x^2，即（$x \times x$）倍。

　　若是觀察鋼球從斜面上滾下時的運動，可以得知鋼球會從放手那一刻起不斷加速，直到進入水平段後，才以定速衝撞電池。為何鋼球會具有動能？這是因為外力對鋼球作了功（功能原理）。此時，作功的外力是重力，作功的量為：

　　重力在斜面方向的分力（N）×沿著斜面移動的距離（m）
　　　＝重力（N）×滾下的高度差（m）

　　這個算法與沿著斜面將重物往上拉時的作功量算法相同。將物體向上拉時，重力作負功，但這次因為移動方向與重力作用方向（斜面方向的分力）相同，因此重力作正功。重力對鋼球作的功完全轉變成動能。鋼球在被拉到斜面上的時候，就已經具備了作功的能力，也就是能量。

　　被拉到高處的物體會藉由自由落體，或是沿著斜面滑下獲得速度，最後可以藉由衝撞等方式對其他物體作功，也就是具備能量。這種能量一般稱為「重力位能」。

　　物體自由落體時，著地速度與高度的平方根成正比。換句話說，高度與著地速度的平方成正比。例如，**若高度變為四倍，則著地時的速度變為兩倍**。此高度與著地速度的關係，在可忽視摩擦力與阻力的情況下，不管是自由落體或沿斜面滑落都會相同。不過，物體若是沿斜面滾下，那麼動能中也包含了轉動動能，因此著地時的速度會因而變小。

　　因為動能與速度的平方成正比，就結果而言，重力位能就與高度成正比。追根究柢來說，就是因為物體掉落時，重力作的功等於重力乘以掉落距離，根據功能原理，功就轉換成物體的動能。

重力位能（J）＝（質量×重力加速度）（N）×高度（m）

圖2-10　重力位能

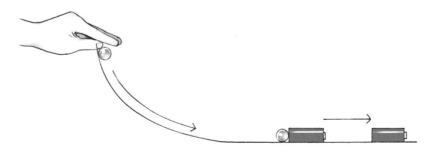

鋼球在被拉至斜面高處時，就已經具備了重力位能。

11. 預測物體行進，
　　用力學能守恆律

　　先前探討自由落體運動時，了解位於高處的物體具有重力位能，隨著落下的過程，逐漸轉變為動能。在考量能量原理時，可以說重力對物體作的功讓動能增加。

　　若是自由落體運動，重力作的功將會如下式所示（可忽略摩擦力及阻力時）：

（後來的動能）－（初始的動能）＝重力作的功

　　因為重力作的功，等於重力乘以落下的高度，因此也可以將上式改寫成：

（後來的動能）－（初始的動能）＝重力×〔（初始高度）－（後來高度）〕＝（初始的重力位能）－（後來的重力位能）。

　　也就是說，

（初始的動能）＋（初始的重力位能）＝（後來的動能）＋（後來的重力位能）。

　　物體具備的**動能與重力位能的總和稱為力學能**。在可以忽略摩擦力及阻力的情況下，於運動的過程中，力學能將會是定值。這稱為「力學能守恆律」。

> ♠力學能守恆律
> 在可以忽略摩擦力及阻力的情況下，在運動前後，「動能＋重力位能＝定值」。

◆ 力學能守恆律成立的運動

在生活周遭的各種運動中，沒有任何物體不受摩擦力與阻力作用。自由落體時，物體受空氣阻力作用；於斜面滑動，則受摩擦力作用。然而，也有不少情況下，這些影響小到幾乎可以忽略。例如，讓乒乓球與高爾夫球同時掉落的情況，如果是從天花板掉到地上的話，兩者差別非常微小，幾乎可以不考慮空氣阻力的影響。也因此，**力學能守恆律在大致推測運動行為上非常有用**。

單擺運動是力學能守恆的好例子。於細繩末端綁上重物，並使其擺盪，單擺運動將會持續好一段時間。重物往高處擺動時，速度會慢慢減緩，通過最低點時會達到最快速度。而且，擺盪第二次、第三次時，最高位置幾乎沒有改變。單擺運動是動能與重力位能一邊互相轉換一邊運動，兩者的總和幾乎維持定值。

圖 2-11　單擺運動

動能與重力位能不斷相互轉換。

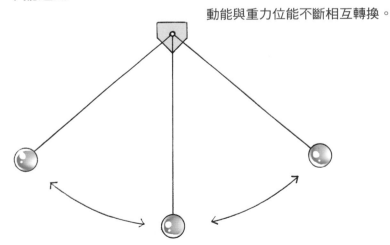

12. 巨蛋屋頂蓋多高？

在摩擦力與阻力可以忽略的運動中，力學能守恆律恆成立。因此，若已知一開始的運動狀態，想知道過一段時間後的運動狀態，或是想從後來的運動狀態回推一開始的運動狀態時，只要比較前後的力學能即可。請試著解解看以下這道題目。

♣問題：

質量0.1公斤的球，從高處掉落2.5公尺後，其速度v為何？

♣解答：

因為初始力學能＝最終力學能，

$$0 + 0.1\,(\text{Kg}) \times 9.8\,(\text{m/s}^2) \times 2.5\,(\text{m}) = \frac{1}{2} \times 0.1\,(\text{Kg}) \times [v\,(\text{m/s})]^2 + 0$$

解開此方程式後，我們可以得到v＝每秒7公尺（m/s）。有趣的是，不管是自由落體（於高處將手放開，使物體由靜止狀態自由掉落）也好，單擺運動也好，抑或是沿斜面滑落也好，無論以何種方式掉落，只要在摩擦力與阻力可忽略的條件下，結果均相同。

「在不同狀況下均得到同樣的結果」，這個結論非常重要。以這個例子來說，不管條件如何改變，運動所需時間及距離如何變化，只要落下的高度不變，最後的落下速度也不會改變。在此得到了一個相當有用的結果。

再來思考另一個例子。物體的斜拋運動可以分解為水平方向的等速運動，以及垂直方向的上拋運動。

舉例來說，若將重0.1公斤的球以仰角（從水平方向往上看的角度）60度，以20m/s的速度朝斜向拋出時，則整體的拋物線運動就可視為水平方向的10m/s等速運動與垂直方向的17m/s上拋運動的合成（$\sqrt{20^2 - 10^2} \fallingdotseq 17$）。於是，球達到最高點時，垂直方向的速度為零，水平方向則以10m/s等速前進。若計算此時的高度h（m），

因為初始力學能＝最終（最高點）力學能

$$\frac{1}{2} \times 0.1（Kg）\times〔20（m/s）〕^2 + 0$$
$$= \frac{1}{2} \times 0.1（Kg）\times〔10（m/s）〕^2 + 0.1（Kg）\times 9.8（m/s^2）\times h（m）$$
$$\therefore h = \frac{15}{0.98}$$
$$\fallingdotseq 15（m）$$

圖2-12　斜拋運動與力學能

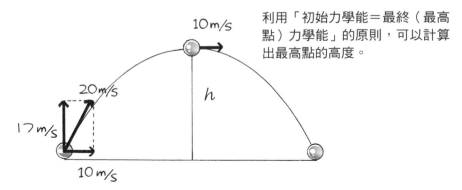

利用「初始力學能＝最終（最高點）力學能」的原則，可以計算出最高點的高度。

10m/s

20m/s

17m/s

h

10m/s

13. 力學能會化為摩擦力流失

◆ 摩擦力所作的負功

若在桌面上進行硬幣的碰撞實驗，會發現不管在多麼光滑的桌面，硬幣都會馬上停止。此時硬幣的力學能不會守恆。以能量原理來看的話，

物體的動能變化＝對物體作的功＜ 0

也就是說，硬幣的力學能（動能），會因為外力對硬幣作的負功而散失。這邊作負功的力，就是硬幣與桌面間的摩擦力。硬幣因為受到了與其移動方向相反的摩擦力作用，摩擦力對硬幣作負功，使硬幣停止運動。

此時硬幣的力學能散失了，這些散失的能量究竟到哪裡去了呢？其實以微觀的角度來看，相互摩擦的硬幣與桌面的分子及原子，它們的熱運動變得激烈，轉換成極微小的動能，只是眼睛看不見而已。

如果不斷重複此實驗並注意觀察結果，會發現硬幣及桌面周遭的空氣溫度均會稍微提高。一般稱因摩擦而產生的熱為摩擦熱，硬幣的力學能就是化為摩擦熱散失。像**摩擦力與空氣阻力等，會讓力學能守恆律無法成立的力，稱為「非保守力」**，與重力等保守力有所區隔。

◆ 能量守恆律

當物體運動時，受到非保守力作用，力學能不守恆。物體承受了與移動方向相反的摩擦力，物體的力學能就會化為熱而散失。

不過，以熱的形式散失的能量不過是變成了原子及分子的內能，只是肉眼看不見罷了，並不是真正消失不見。

於是，若加上以摩擦熱形式散失的能量，也可以想成整體的能量守恆，這稱為能量守恆律。就算因為受到非保守力作用而使力學能不守恆的情況下，如果算進變成熱而肉眼無法看見的部分，一般認為能量整體還是守恆。

當我們比較前、後總能量是否相同時，若怎麼加總還是少了一些，不足的部分可以想成是化成熱而散發掉，或是因為碰撞等情況，導致部分能量以聲能形式散失，最後再變成熱而無法計測。

圖 2-13　能量守恆律

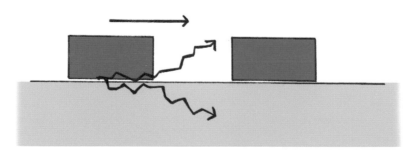

失去的力學能只是化成摩擦熱散失掉而已。

14.「發」電？
其實是能量的轉移

到目前為止討論的能量，分為以下三種形式：

△（1）動能＝運動中的物體所具備的能量。
△（2）重力位能＝物體因位於高處而具備的能量。
　（3）因物體及周遭溫度上升，而以熱的形式散發掉的能量。

而且，隨著物理學的發展，目前也發現了以下幾種能量存在。

△（4）電能＝因電力而產生的位能。
△（5）彈力位能＝因彈力而產生的位能。
　（6）化學能＝蓄積在原子的結合中的能量。
　（7）電磁能＝靠電磁波（包含光）傳遞的能量。
　（8）核能＝儲存在原子核中的能量。

此外，（1）、（2）、（4）、（5）四項可以統括為力學能；若以微觀的角度來看，因為原子間的結合也是藉由電力作用，也有一種看法認為（6）提到的化學能，可以歸類為電能。因此，上述的分類並非絕對。我們知道，現在作為電力使用的能源，除了核能發電外，基本上都是太陽的恩賜。

水力發電是透過因太陽的熱而蒸發的水，被抬升至上空得到位能，之後再以這些水落下的衝擊力轉動發電機，進而發電。

火力發電則是透過燃燒石油、煤炭、天然氣等化石燃料，將其中蓄積的化學能以熱的形式釋出，再透過藉此產生的蒸汽轉動渦輪發電。其實化石燃料說穿了，就是遠古生物吸收儲存的太陽能，我們只不過是將儲存起來的遠古太陽能挖出來使用罷了。核能發電雖與太陽沒有直接關係，不過因為地球也是以超新星爆炸而四散的重元素為基礎組合而成的。仔細一想，會發現核能也可說是宇宙的恩賜。不過，核能發電並不是完美無缺，也有許多如安全性、放射性核廢料處理等迫切問題需要解決。

除了能源枯竭的問題外，人類使用能源所造成的環境破壞，一直以來也受到密切關注，找尋對環境更友善且永續的發電方式以及能源流通的形態，將是全人類要面對的課題。

圖 2-14
日本具代表性的黑部水壩。靠著水壩的水宣洩而下的力道，轉動渦輪發電。

為什麼火箭發射的地點都選在赤道附近？

許多國家都會將火箭發射基地的設置地點，選在離赤道近的低緯度區域。其中一部分理由如以下幾點：

①**重力比高緯度地區小**，可減少發射時需要的力。
②地球自轉產生的**離心力最大**，可借力使力。
③因地球自轉，地面速度較快，能以較大初速發射。

各位是否注意到，這三個理由中，實際上除了第一點之外，全都只是換句話說而已。首先，嚴格來說，地表的重力是地心引力扣掉因地球自轉產生的離心力。因此①與②的意思幾乎是相同的。

另外，離心力的產生，是因為地面上的物體擁有因地球自轉而生的速度（從物體外部來看），因此②與③也只是換句話說而已。

先前之所以說「除了第一點之外」，是因為事實上地球本身的形狀略往赤道方向膨脹，也是造成低緯度地區重力較小的因素。

日本的兩個火箭發射基地均位於鹿兒島縣（種子島、內之浦）。因其緯度為北緯30度，儘管就日本來說已經算靠近赤道，但一般還是認為不利於發射。不過與赤道的重力相比，只不過相差八百分之一，或許還不至於構成這麼大的差異。

第 3 章

熱力學：分子運動的速度與能量的轉移

　　熱力學第一定律是普遍性的大原則，其內容不管是針對大至宇宙的巨觀系統，或是小至原子、分子世界的微觀系統，均無條件的同等適用；相對來說，熱力學第二定律僅適用於原子、分子所構成的大集團，完全不適用於個別的原子及分子的行為。像是冰水加熱、摩擦生熱，都是常見的熱力學現象。

1. 熱會移動，但溫度不會

　　溫度指的是「冷」、「熱」、「寒」、「暑」等表現固體、液體、氣體的冷熱程度時，溫度計上顯示的數值。對於人體的體溫，我們也會說「感冒發燒38度（譯註：日文中的發燒也是用『熱』一字）」等。

　　在日常生活中，就如同用「熱（發燒）」描述體溫一樣，溫度及熱這兩個詞，在使用上並沒有明確的分別。特別是溫度高於人體體溫時，常會有「高溫就是『熱』」的印象，而以為「溫度」與「熱」為同義詞。然而，在物理學中，熱與高溫和低溫等溫度的高低一點關係都沒有，與溫度有所區別。

　　十七世紀以前，溫度就如同嗅覺、味覺等感覺一樣。直到十七世紀初，伽利略發明了溫度計；1724年華倫海特（Daniel Gabriel Fahrenheit，1686～1736）發明了華氏溫標；1728年安德斯‧攝爾修斯（Anders Celsius，1701～1744）發明了攝氏溫標後，人們才有客觀描述溫度高低的量尺。關於熱的科學研究，則是到了十八世紀才開始，後來才慢慢確立了溫度及熱的概念差別。

◆ 溫度不會移動，但熱會移動

　　如果以微觀角度，如原子及分子的規模來看溫度與熱，**溫度其實代表這些構成物質的原子及分子運動（一般稱為熱運動）的活潑程**

度。熱不是指運動中的原子和分子的運動行為本身，也不代表原子和分子所擁有的能量（如動能）。

所謂的熱，指的是某個物質的**原子和分子熱運動時帶有的能量，轉移到其他物質的原子和分子的熱運動中**。雖說是轉移，卻不是氣體或液體本身的移動。

固體中的原子及分子間，作用著很強的結合力，各個原子及分子都以平衡點為中心，各自往不規則方向振動（熱振動）。低溫時，原子及分子的振動較緩和，高溫時則較為劇烈。

量體溫時會說「高燒」，但物理學中提到的「熱」，並沒有高、低的概念。

伽利略，也被譽為「天文學之父」（照片來源：維基百科）。

圖3-1-1　固體的原子及分子的熱振動示意圖

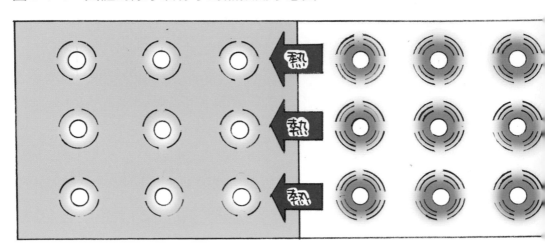

低溫

　　如圖3-1-1所示，低溫的固體與高溫的固體接觸時，如果有溫差存在，就會引起熱的移動。以微觀的觀點來看，**高溫固體其原子及分子劇烈熱振動時帶的能量，會移轉到低溫固體的原子及分子較緩和的熱振動中。這種移動的過程就稱為熱。**移轉的熱振動能量會加劇低溫物體中原子及分子的和緩熱振動。

　　也就是說，溫度不會轉移，而熱會轉移。因此，「溫度」與物體的量（質量）無關，而「熱」與移轉物體（較高溫物體）的量（質量）成正比。

　　如右頁圖3-1-2所示，一物體具有溫度 T，若將其質量變成兩倍的 $2m$，而其溫度維持不變仍為 T，但熱 Q 因為質量變為兩倍，作為熱而移動的量也變為兩倍（$2Q$）。特別是與質量成正比的熱的移動量，我們稱之為熱量。不過，熱本身不帶有質量。

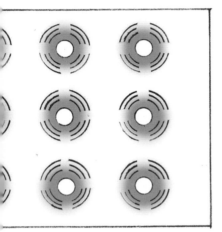

高溫

高溫固體其原子及分子進行劇烈熱振動時的能量，移轉到低溫固體的原子及分子進行較緩和之熱振動的過程，就稱之為熱。

圖 3-1-2　**熱的移動量（熱量）**

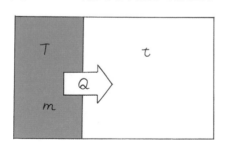

若質量 m、溫度 T 的物體接觸到溫度 t 的物體時，假設移轉的熱量為 Q，則質量 $2m$、溫度 T 的物體接觸到溫度 t 的物體時，其移轉的熱為 $2Q$。

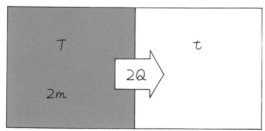

質量變為兩倍時，移轉的熱也會變為兩倍。

2. 溫度其實是分子運動的速度

　　氣體指的是分子在空間中四處飛竄的狀態。「分子運動論（譯
註：「分子運動論」又稱「分子動力論」或「氣體動力論」）」指的就是著
眼於這些氣體分子的運動，並以微觀角度探討的思維方式。在此則是
以分子運動論的立場出發，從氣體分子的微觀角度，來思考溫度與熱
的差別。

　　測量溫度時，量測的其實是氣體分子在空氣中四處飛竄的速度。
事實上，**分子的速度正是氣溫的真面目**。**分子的速度**（正確來說是動
能）快或慢，若以其他方式表達，**就是所謂的溫度高低**。溫度是將分
子運動的劇烈程度量化的結果。

　　分子的飛行速度若變慢，溫度也會下降。分子的飛行速度最低的
狀態，即所有分子均呈靜止的狀態。此時的溫度為攝氏零下273.16
度（－273.16℃），是溫度最低的狀態。將此最低溫設為零度（絕對
零度）所量測到的稱為絕對溫度。命名由來是為了紀念1848年引進
絕對溫度概念的克耳文勳爵（William Thomson〔1st Baron Kelvin〕，
1824～1907），單位就訂為克耳文（K）。但實際冷卻氣體時，在達到
絕對零度前，會先變成液體，再變成固體（氦氣除外）。

　　在氣體狀態下，分子間的結合力幾乎不作用。因此氣體分子可以
自由移動，不斷往四面八方直線移動及碰撞容器壁。液體與固體的溫
度概念也可說大同小異。液體及固體分子不像氣體分子可以自由移
動。話雖如此，構成液體及固體的分子（或原子）在激烈運動（熱運

動）時，其溫度較高；運動遲緩時，溫度較低。

　　一般所謂的氣體、液體、固體的溫度，不過是將氣體、液體、固體分子（原子）各自的運動（熱運動）激烈程度，以其他的方式表現而已。

圖3-2-1　氣體分子的熱運動

分子飛行的速度變快時，溫度較高；速度變慢時，溫度降低。

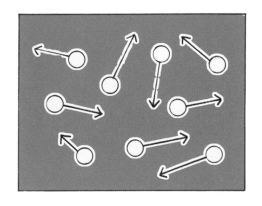

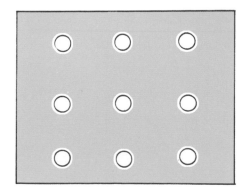

原來如此！

圖3-2-2　絕對零度時分子的熱運動

分子運動完全停止的狀態為絕對零度。此時的溫度為 −273.16℃。不過量子力學造成的振動仍存在。

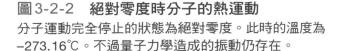

3. 導熱能力不同，
因為比熱不同

　　一般人都知道，用來製作鍋子等器具的鐵，加熱後溫度容易升高；但石頭就算加熱，溫度也不像鐵那樣容易上升。相反的，大家也知道鐵比石頭容易冷卻。不同的物質，導熱能力也不相同。

　　透過實驗發現此現象的是約瑟夫・布拉克（Joseph Black，1728～1799）。他發現若將高溫的水與低溫的水等體積混合，則混和液的溫度大約是高、低溫的平均值；但若是等體積的水與水銀混合，結果就大不相同。於是他注意到水與水銀，對熱具有不同的「容量」。這個想法，隨後促成了一項事實的發現：每個物質均具有其固有的「比熱」。

　　因為鐵**「易升溫」**且**「易降溫」，所以比熱較小**；石頭「難升溫」且「難降溫」，所以比熱較大。換句話說，**比熱較大的石頭**，與比熱較小的鐵塊相比，**可以儲存更多的熱量**。如果使其與不同溫度的物體接觸，若石頭與鐵塊質量相同，比起鐵塊，石頭可釋放出更多的熱量 Q_1（$> Q_2$）（下頁圖 3-3-1）。

　　冰塊中的水分子幾乎維持固定的排列位置而進行振動，若對冰塊加熱，則水分子的熱振動加劇，等到溫度升至攝氏零度後，分子間的鍵結被打斷，水分子開始離開原本固定位置、自由移動。這種狀態的水就是液態水，而上述過程則稱為熔化。熔化過程中，不管再怎麼加熱，溫度都不會上升。這是因為施加的熱能，消耗在打斷分子間的鍵結（結合力）了。

圖3-3-1　　石頭與鐵的比熱差異

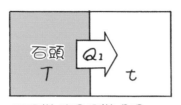 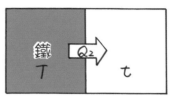

石頭難升溫且難降溫。　　　　　　鐵易升溫且易降溫。
（比熱大）　　　　　　　　　　　（比熱小）

同質量、同溫度的石頭與鐵塊，和其他物體接觸時，比起鐵塊，石頭可對該物
體釋放出更多的熱量（Q1>Q2）。

　　將水加熱至攝氏100度時，水中會產生水蒸氣而開始冒泡，這個
現象就是沸騰。**沸騰的過程與熔化時一樣，不管再怎麼加熱，在水完
全氣化前，溫度不會上升**。水分子因分子的鍵結而受束縛，沸騰時外
加的熱能將此鍵結完全打斷，於是水分子從水面散逸至空氣中，於空
間中自由移動。此狀態的水分子稱為水蒸氣。沸騰中不管如何加熱，
溫度均不會上升，這是因為給予的熱能，均被消耗在打斷液態水分子
間的鍵結。

圖3-3-2　　加熱冰塊時的溫度變化

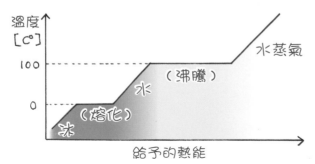

在熔化中及沸騰中，溫度不會上升。這是因為給予的熱能，均用於打斷分子間
鍵結的關係。

4. 熱能不是內能，差別在一動一靜

　　大家或許對於「內能」這個詞不太熟悉。從微觀的角度來看，內能指的是「**氣體內部分子（原子）的力學能（動能及位能）**」。整體而言，**就算氣體呈現靜止狀態，構成該氣體的分子（原子）仍不時地四處飛竄，因此分子具有動能。另外，分子間仍有結合力作用，因此分子也具有位能。**

　　基於上述理由，因為氣體中也儲存了因分子的熱運動而產生的能量，一般稱該能量為內能。氣體中作用於分子間的結合力小至可忽略，因此**提到內能時，只考慮動能**。如圖3-4-1所示，當僅有一個氣體分子時，動能即代表內能；但如圖3-4-2，氣體一般是由許多分子（N 個）組合而成的，因此將這N個氣體分子的動能全部加起來，才是氣體的內能。

圖3-4-1　**只有一個分子的情況**　　圖3-4-2　**具有N個分子的情況**

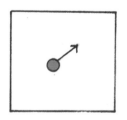

內能＝動能

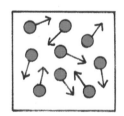

內能
＝N個分子的動能總和

圖3-4-3　**內能高低的示意**

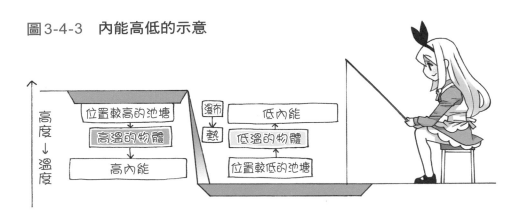

此外，一般常**使用熱能這個詞來代替內能，但這其實是不正確**的。儘管兩者均為能量，所以單位也相同，但熱能及內能為不同的能量。熱能指的就是熱，而熱指的是因為溫度差而移動的能量。另一方面，內能指的是在某個特定的溫度（熱平衡狀態）下，分子所具有的總動能。附帶一提，固體及液體中的原子、分子的熱運動（熱振動）能量一般不稱為內能。

為了清楚區分內能及熱能，我們用具有高低差的兩個池塘及瀑布的示意圖來各自對應。如圖3-4-3，若分別以儲存於位置較高的池塘中的水（內能高＝溫度高）、往下宣洩的瀑布（相當於熱）、儲存於位置較低的池塘中的水（內能低＝溫度低），這三者來區分的話，應該就相當清楚了。不過要注意的是，這邊只是以高度來象徵溫度的高低，實際的位能本身並不與溫度或內能成正比。

溫度與內能成正比。儘管溫度的單位（攝氏、華氏）與內能的單位（J）不同，但作為代表氣體分子的物理狀態時，則為相同的概念（溫度高表示內能高）。

5. 熱力學定律有三種

1. 熱力學第零定律

互相接觸的兩物體，溫度相同後，熱便會停止移動。此狀態稱為「熱平衡」。若物體A與物體B之間維持熱平衡，且物體A與物體C間也維持熱平衡時，就算讓物體B與物體C接觸，也不會有熱的移動。也就是說，物體B與物體C就算不接觸，也維持熱平衡。

這種熱平衡的概念是由經驗得來的法則，稱為「熱力學第零定律」（右頁圖3-5-1）。第零定律從遠古時期就已廣為人知，不過當時沒有人視其為法則而命名，直到二十世紀初才被加進熱力學定律中。不過當時第一定律與第二定律均已根深蒂固，因此沒有重新安排定律的編號。

2. 熱力學第一定律

德國人邁爾（Julius von Mayer，1814～1878）與英國人焦耳（James Prescott Joule，1818～1889）分別於1842年及1843年發現了**「熱與功其實等量，失去的功會以熱的形式出現」**。在1847年，德國人亥姆霍茲（Hermann von Helmholtz，1821～1894）發現了包含熱能在內的能量守恆律。就這樣，人們明白熱也是能量形態的一種，除了以往的力學能轉換外，人們也開始思考以熱能形式進行的能量移動。

這就是所謂的「熱力學第一定律」。此能量守恆律可說對於巨觀

圖3-5-1　**熱力學第零定律**

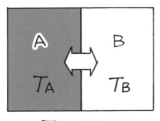

物體A與物體B溫度相同。
（熱平衡）

$T_A = T_B$

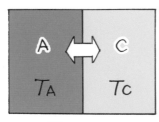

物體A與物體C間溫度也相同。
（熱平衡）

$T_A = T_C$

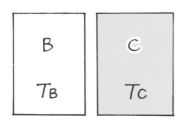

在此狀況下，
物體B與物體C就算不接觸，
溫度也相同。

$T_B = T_C$

的各種現象均適用。當位能完全轉換成動能時，能量的形態可以千變
萬化，但「**不管發生何種變化，能量均守恆**」，這個基本法則就是
「**熱力學第一定律**」。換句話說，這是包含熱這種能量在內的能量守
恆律，而其中論述熱轉移的部分，就成了熱力學法則。

　　與氣體相關的能量有「氣體內能」、「氣體吸收、釋放的熱能」、以及「氣體作的功」三種。「功」成為熱以外的能量的流動。若以熱力學第一定律表示，則如下式所示：

系統施加的熱能 Q ＝增加的內能 ΔU ＋系統對外界作的功 W

　　　　　（像是加熱）　　　　　　（壓縮）

※Δ 意指變化量

又因為「系統對外界作的功 W ＝－外界對系統作的功 W'」，可以將上式重新整理為：

增加的內能 ΔU ＝對系統施加的熱能 Q ＋外界對系統作的功 W'

關於內能的增加（$\Delta U = U_2 - U_1$），以右頁圖3-5-2中的（a）圖為例，考慮對密封於活塞及汽缸中的一定量氣體加熱時，熱量 Q 與作功 W 的關係。

　　若是如（b）圖，加熱汽缸內體積固定的氣體時，顯然氣體溫度會上升，其內能會增加。

　　若如（c）圖，推動活塞，壓縮汽缸內的氣體，壓縮後氣體的溫度會上升。透過活塞所作的功 W，使氣體內能增加。

　　若是如（d）圖，加熱汽缸內的氣體，同時也推動活塞壓縮，氣體的溫度會上升，其內能會增加。

　　儘管內能增加的原因不同，這三種狀況都顯示構成物體的分子運

圖3-5-2　何謂內能增加？

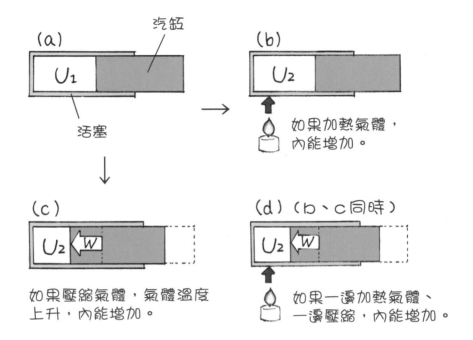

動加劇，每個氣體分子所擁有的能量（動能）變大，於是氣體具有的能量（內能）增加。

　　由此可見，要讓內能增加的方法有三種。也就是說，可以對物體加入某種形式的熱，或是以某種形式的力對其作功，抑或是同時進行這兩種動作。

　　熱力學第一定律呈現了能量的本質，也就是能量不會憑空出現、消失。若吸收了能量，則內能就會等量增加；若釋放出能量（氣體作功時），其內能就會等量減少。這不過是以定律的方式，呈現理所當然的事實罷了。

3. 熱力學第二定律

　　儘管**熱會自然的從高溫的物體轉移至低溫的物體，卻不會自發的從低溫的物體轉移至高溫的物體**，這個現象稱為「不可逆變化」（圖3-5-3）。與此種不可逆變化相當的自然現象，舉例如下。

Ⓐ 物體從斜面上滑落時，一定會產生熱。
Ⓑ 若以管子連結含有氣體的容器與真空的容器，氣體會均勻擴散至兩容器中，壓力趨於定值。
Ⓒ 若在杯中倒入熱水，水會慢慢冷卻，最後趨於室溫。

　　這些現象的共通點就是，「均為自然發生的不可逆現象」。
　　將這些不可逆變化相關的自然現象歸納整理成的定律，就稱為「熱力學第二定律」。
　　或許一般人會從與熱相關的能量守恆律（熱力學第一定律）中得出「熱會以一定的比率**完全**轉換為功」的結論，但事實上「可以透過

圖3-5-3　熱力學第二定律

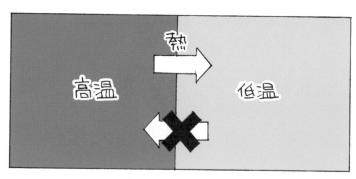

熱機（heat engine）轉換為功的熱，只不過**占一部分**」。

魯道夫・克勞修斯（Rudolf Clausius，1822～1888）與威廉・湯姆森（即克耳文勳爵，1824～1907）以熱力學第二定律這個原理，成功解決了此現象與能量守恆律之間的矛盾。儘管在日常生活中看似理所當然，但這個不可逆變化的定律就是熱力學第二定律。

此定律其實有各種不同的描述方式，最具代表性的就是克勞修斯與湯姆森的表述（①、②）。

①克勞修斯表述（克勞修斯定理）

「不對外界造成任何改變的前提下，無法使熱從低溫移轉至高溫」。

這段描述稱為「克勞修斯定理」。熱水會自然冷卻，但冷掉的熱水無法自然的變回熱水，必須透過外界加熱，如瓦斯爐點火加熱等方法。將冷掉的水加熱，使其重新回到熱水的狀態時，是從外界帶來改變，因此為不可逆變化。因為這個原因，克勞修斯定理也可改寫為「熱從高溫移轉至低溫的過程是不可逆的」。

②湯姆森表述（湯姆森定理，或克耳文定理）

「在不留下任何痕跡的前提下，無法將從一個熱源吸收的熱全部轉換為功」。

這段表述稱為「湯姆森定理」。因為湯姆森與克耳文為同一人，此定理又稱「克耳文定理」。轉換效率100%的熱機不存在。熱機吸收熱並作功後，若不向低溫的熱源放出熱，就無法回到原狀態。也就是不可能將所有熱均轉換為功（下頁圖3-5-4）。

圖3-5-4　湯姆森定理（沒有一種熱機可以將熱完全轉換為功）

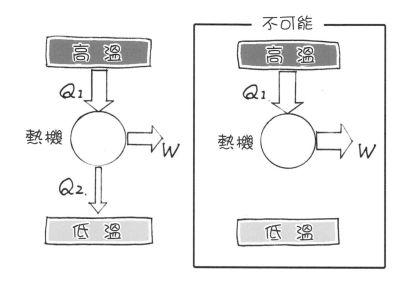

　　另外，湯姆森定理也有另一版本：「所有的功變成熱的現象是不可逆的。」對運動中的物體作的功可以完全變成熱，像是運動中物體因摩擦力而靜止等情況。然而，反之則不然，「將熱完全轉換為功」是不可能的。因此，此過程為不可逆變化。

　　與熱力學第二定律相關的描述，還有以下幾項（③～⑦）：

③「第二類永動機是不可能存在的」（奧斯特瓦爾德定理）。

④「若熱非從高溫物體移至低溫物體，則無法轉變為功」（馬克斯威定理）。

⑤「摩擦生熱的現象為不可逆變化」（普朗克定理）。

⑥「宇宙中能作功的能量正不斷減少中（宇宙熱寂）」（亥姆霍茲）。

⑦「若發生不可逆變化，則該物理系統與外界的熵總和必增大」（熵增加定理）。

　　如同以上所述，熱力學第二定律有許多不同的表述方式，將①克勞修斯表述反過來說，或許是最容易理解的：「熱會自發的從高溫物體移至低溫物體。」③提到的永動機及⑦提及的熵，將於稍後的章節詳述。

　　重要的是，熱力學第一定律是普遍性的大原則，其內容不管是針對大至宇宙的巨觀系統，或是小至原子、分子世界的微觀系統，均無條件的同等適用；相對來說，熱力學第二定律僅適用於原子、分子所構成的大集團，完全不適用於個別的原子及分子的行為。

　　就這層意義來看，熱力學第二定律具有統計學上的性質。儘管不適用於微觀系統中，並不代表「此定律價值很小」，因為此定律至少是呈現自然現象的方向的大原理。以這個法則為基礎，科學家定義了下一節會提到的「熵」這個「狀態量」，來作為衡量自然現象的自發性或是不可逆性的指標。

6. 熵：
評估有效能量的減少程度

「熵」（Entropy）這個詞源自希臘文，意指「變化」。克勞修斯於1865年想出這個概念，用以說明熱機的原理。

熵表達了「無秩序的程度、亂度（randomness）」，1896年波茲曼（Ludwig Boltzmann）闡明了其物理意涵。在「物質是由許多原子和分子組成」的想法架構下，熵代表一種量，表達了這種**粒子集聚的無秩序程度**。

在前述的熱力學第二定律克勞修斯表述中，提到「不對外界造成任何改變的前提下，無法使熱從低溫移轉至高溫」，此論述也帶有以下的物理概念：

「從高溫到低溫的熱傳導以及墨水的擴散作用等現象，總是朝單一方向進行。這些現象似乎都受到一種法則控制，似乎存在某種物理量主導自然現象的變化方向。因為這種物理量的存在，熱傳導及擴散等現象，總是自發的朝著單一方向變化」。

一般把這個現象比喻為沿著時間軸、擁有方向的「飛箭」或「向量」，而克勞修斯引進了「熵」作為新的物理量。不過，當時人們不了解熵在原子、分子層次的意義，因此熵的概念也未能受到眾人理解。然而隨著時代推進，人們開始從原子、分子的微觀角度應用熵的

概念，建構出熱力學第二定律的一般論，如以下論述：

「在一個獨立系統中，不管何種現象，只要能自發進行，則熵絕
不會減少。」

波茲曼透過關於熵在統計學上的解釋，對微觀下的原子、分子狀
態與實際觀察的巨觀狀態設立了假說，於是熵便確立了原子論中的描
述式。**熱的轉移次數越多，就越難轉移；而熱變成不易轉移的狀態，
就代表了熵增加**。這一點與熱力學第二定律關係很深，熱會自然引發
不可逆變化，而使熵增加。

例如，如圖 3-6 所示，假設一開始有兩個容器分別盛裝攝氏 100
度、500 毫升的沸水與攝氏零度、500 毫升的冰水，隨後將兩個容器
的水混合成攝氏 50 度的熱水。此時，可以用熵區別這兩種狀態。混
合前的分離狀態是「熵較小的狀態」，而混合後則是「熵較大的狀
態」。在能量的概念中，無法區分此兩種狀態，但如果以熵的概念思
考，就能明確區分。

圖 3-6　熵的狀態差別

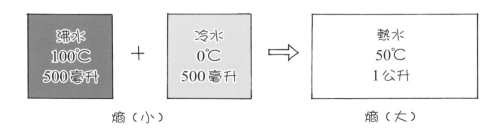

◆ 何謂狀態量

　　熵指的是一種狀態量。所謂的狀態量，是「當物體從某個狀態（起始狀態）變化成另一個狀態（終端狀態）時，可以確定其增減情況的量」。物體於起始狀態時具有的熵，與結束變化的狀態下所具有的熵之間的差，只取決於各自的狀態，與透過何種方式造成其變化沒有關係。

　　熵代表「**以熱的形式存在的能量，其有效度（價值）的欠缺程度**」。力學能以能量來看，具備了高度的有效性，因此與熵這類描述能量無效程度的物理量沾不上邊。因此，就算某物體以高速運動、具備很大的動能，只要運動過程中不生熱，就與熵無關。

　　熵S也可用$\dfrac{Q}{T}$（$\dfrac{熱量}{溫度}$）這個式子來定義。溫度T同時也是代表「混亂程度」（亂度）的物理量。從這個式子中，可以得知**就算熱量Q相同，物體處在亂度很大的狀態與在有秩序的狀態下，效果是不同的**。在高溫且原本亂度就大的狀態下，就算施加一些熱量，效果也很難顯現。將同樣量值的熱量Q加在低溫T_1的物體上，比起加在高溫T_2的物體上，顯示熵變化較大。

　　反過來想，若熱量相同，則溫度越高，熱能的效能就越大。也就是說，若只看熱量量值Q，不知道能有效使用的能量有多少，但靠著利用熵，就能定量評估有效能量的減少程度。

◆ 靠熵才能得知熱的價值

　　舉例來說，攝氏40度、2公升的熱水與攝氏80度、1公升的熱

水，和攝氏零度的水相比，所蓄積的多餘熱量是相同的，假設同樣與攝氏零度的物體接觸、各自轉移相同的熱量 Q，因為熵的計算方式是熱量除以溫度，攝氏 80 度的熱水散熱時造成的熵變化較小。又因為熵是對應「未有效使用的能量」，熱量相同就意味著溫度較高的攝氏 80 度熱水作為能量的價值較高。但只依靠熱能，是無法得知其作為能量的價值的。

　　熱的價值只能靠熵才能定量的分析。由熱量除以溫度得到的熵值，更明確的定義了只靠熱本身無法得知的能量價值（有效性）。

　　歷史上，熵被定義為自然現象的「自發性」或是「不可逆性」的狀態量。幾乎所有的物理法則都可逆，力學上使用的方程式都可以回溯時間求解。然而，幾乎所有的現象均不可逆，因此若沒有足以表達不可逆性的物理函數，物理學就不完全。

　　其實，在所有物理函數中，能夠表達不可逆性的就只有熵而已。也因此，熵在物理學上被定位為相當重要的物理函數。

7. 永動機真的不可能存在嗎？

　　一般所稱的永動機，可以分成第一類永動機與第二類永動機。第一類永動機指的是「不從外部供給能量，而能永久作功的熱機」。換句話說，也就是可以無中生有的熱機。第一類永動機就如圖3-7-1所示，當時的構想是在車輪上等間隔，安插末端附有重物、且可垂直擺盪的棒子。

　　從正面看，裝置在右側且向水平方向伸出的棒子旋轉時，力道逐漸增大，並開始與左側棒子產生力矩的不平衡，車輪看起來真的可以朝順時針方向旋轉。然而，因為輪軸的摩擦力與空氣阻力等影響的效果，讓增強的旋轉力道也逐漸減弱，車輪最後停止運轉。

　　左右回轉的力道其實呈現平衡狀態。從能量守恆律（熱力學第一定律）來看，要製作這種第一類永動機，很明顯不可能。

圖3-7-1　**第一類永動機的例子**

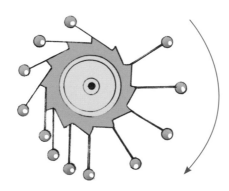

使其順時鐘旋轉時，上方的棒子倒下後，透過棒子前端的鐵球重量帶動裝置旋轉，進而永久持續下去。但實際上，裝置會因為輪軸的摩擦力與空氣阻力而停止。

　　第二類永動機指的是從外部獲得熱，並能完全轉換為功的熱機。也就是如圖3-7-2（a）所示，從一個熱源吸收熱能後，將其完全轉換為功，而且不會留下任何變化，能週期性永久運作的裝置。這種裝置與第一類永動機不一樣，它完全不違反熱力學第一定律這個能量守恆律。

　　如果能實現第二類永動機，就會像圖3-7-2（b）中的裝置一樣，從一處熱源獲得熱量，透過第二類永動機使葉輪旋轉，並將攪動時透過水阻產生的熱重新送回熱源。因此，此裝置得以獨立永久運轉。的確，此過程符合熱力學第一定律。

　　不過，實際上，這個裝置無法永久運作。原因是此裝置只使用一處熱源。在得以實現的熱機中，一定同時存在高溫熱源與低溫熱源兩種；將從高溫熱源得到的熱量，其中一部分轉為功後，再將剩下的熱量散發至低溫熱源中。因此，真正實用的熱機，一定會捨棄相當程度的熱量。

圖3-7-2　第二類永動機的例子

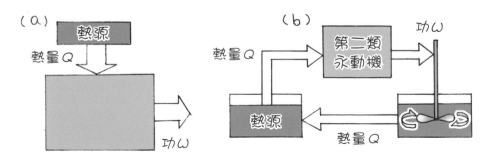

若可以如（a）一樣，把從熱源獲取的熱量 Q 完全轉換為功 W 的話，似乎就可以實現如（b）一樣的永動機，然而實際上熱量是不可能完全轉換為功的。

8. 超導體的原理與用途

　　就原理上來說，溫度高的狀態（高溫物體）應該無窮無盡。熱運動越趨激烈時，固體首先會熔化成液體，然後再蒸發成氣體。溫度更升高時，原子便會失去電子而變成電漿。

　　相對的，溫度低的狀態（低溫物體）有其限度。理論上來說，當**熱運動停止時**，將會達到最低的溫度（臨界溫度）。此臨界溫度則為$-273.16℃$，稱為絕對零度。以絕對零度為溫標原點的溫標單位為克耳文（K）。不過理論上是無法達到絕對零度。

　　低溫物理學家過去不斷實驗，嘗試將溫度降至接近絕對零度。會如此持續努力的原因至少有兩個。其中之一是因為**物質的基本重要性質如「超導」及「超流」，只有在極低溫的條件下才得以展現**。另一個原因是，溫度降至接近絕對零度後，熱運動的影響可以降至最低，**物理學家們想在這種條件下研究物質**。

　　卡末林·昂內斯（Heike Kamerlingh Onnes，1853～1926）於1908年7月10日成功將氦氣液化，揭開了極低溫研究的序幕。他透過一點一點的除去液態氦表面上的蒸氣，使氦氣蒸發冷卻，最後將溫度降至0.7K。同年，昂內斯隨後又在萊登大學的實驗中，發現將液態氦冷卻至2.19K後，就會出現黏滯性完全消失的「超流」現象。此狀態下的液態氦只要給予一點擾動，就會自動從毛細管中冒出，或是沿著杯緣湧出。一般而言，不管什麼物質，只要持續將溫度降低，就會凝固成固體，但氦氣就算在絕對零度下，也不會凝固。

◆ 超導

　　另外，昂內斯又於1911年發現**「超導」現象**，只要將溫度降低至接近絕對零度的極低溫，**電阻就會消失**。他發現水銀的電阻會因低溫變為零。原本電子會一個一個移動，一碰到其他原子等障礙物，運動就會減緩、產生電阻。同樣帶有負電的電子會互相排斥，但在極低溫的環境中，互相排斥的電子會各自吸引帶正電的原子，電子周遭於是充滿著正電荷，進而又會吸引其他電子。這樣的話，電子就會兩兩成對，而湊成一對後，就會成為物理性質完全不同的東西，成對的電子開始具有穿過原子等障礙物的性質。於是，電子就不會被反彈回來，電阻也因此消失。

超導的應用：核磁振造影、磁浮列車、儲存電能、微波通訊、高速電腦等。

超導最具代表性的應用技術，是能**將電阻消除、降低送電損耗的超導電纜**。照片是將三條電纜核心（core）同時放進一條絕緣管中，進而實現了得以節省空間的三芯一體型高溫超導電纜。冷卻是靠液態氮來實現（照片來源：住友電氣工業）。

127

使用液態氦及強力的真空幫浦，就可以將溫度降至0.7K左右的超低溫。要使溫度十分逼近絕對零度，目前有「絕熱去磁」（adiabatic demagnetization）及「雷射冷卻」兩種方法。

（1）絕熱去磁法

一般來說，**對物質施加磁場，其熵會減少**。這是因為磁場會讓微小的磁矩（相當於磁鐵的N極及S極，表現原子及電子等微小磁力的量值及方向）變得較整齊劃一，而使「雜亂程度」（亂度）減少的關係。在此狀態下，若絕熱且移除磁場，磁矩又會重新指向不同方向，熵也會上升。但由於正在絕熱，隨著熵增加，物質的溫度就會下降，像這樣使溫度降至極低溫的方式稱為「絕熱去磁法」。可以利用電子自旋產生的磁性，使溫度從數K降至數mK（10^{-3}K），然後再利用核自旋的磁性將溫度繼續冷卻至數μK（10^{-6}K）。

（2）雷射冷卻法

原子在室溫下會以每秒數百公尺的速度飛移，但若**對原子照射雷射光，原子接受光的輻射壓後，速度幾乎會降至零**。利用雷射光被氣體分子及離子吸收時產生的作用力，將這些粒子的動能降低，進而使其溫度下降的手法稱為「雷射冷卻法」。目前已經實現將銣、鈉等的溫度從數mK降至數μK。雷射冷卻於1985年首度實驗成功。

第 4 章

電學——
發電與儲電，都是顯學

　　或許聽起來很不可思議，但在人類了解電的眞面目是電子之前，就已經開始用電了。發明電池以及製造發電機，都是在發現電子前數十年的事。

1. 發現電：
靜電讓人討厭，卻不可或缺

　　電能的「電」究竟代表什麼意思？在字典的定義中，「電」字除去上面的「雨」之後的部分，據說代表「閃電」。也就是與「雷」幾乎同義。那麼，英文中的電是「electricity」，這個字在英文的語源又是指什麼？其實這是來自希臘文中的「琥珀」。在古希臘時代，人們知道只要一摩擦琥珀，就會產生劈哩啪啦的聲音，這稱為摩擦起電。

　　直到之後的時代，人們才了解原來這兩種電是一樣的。在這之前，人們都認為雷是「可怕的東西」，而摩擦起電「只能拿來當作嚇嚇人的魔術，一點用都沒有」。知名的科學家法拉第（Michael Faraday，1791～1867）甚至說過「研究電這種東西到底有什麼用」，留下了一段趣聞。十九世紀中期之前，電學只是科學家研究的對象，大家從未想過可以實際運用電。日本也曾有一位名為平賀源內（1728～1780）的人物，他成功製作出一個裝置（elektriciteit，荷語）能產生靜電，讓周圍的人們大吃一驚。

　　在人們開始實際運用電之前，電都是靠摩擦起電產生的。摩擦的東西從一開始的琥珀轉變成硫磺、玻璃，但生電的方式完全沒有進步。甚至，富蘭克林（1706～1790）當時也留下了一段魯莽嘗試放風箏蒐集雷電電能的傳說（右頁圖4-1-1）。使用萊登瓶（日文音同雷電瓶，但萊登為荷蘭地名）儲存靜電（右頁圖4-1-2）的方法，也是從這個時候開始形成的。這也是本書之後介紹的電容器的雛型。

　　靠摩擦產生的電，常會使人嚇一大跳。懂電的人或許只會說「電

剛剛流過了」，這種靠摩擦起電產生的電就稱為「靜電」。這種電與從插座或是電池中得到的「電」不同，因為人類無法自由使用。

冬天空氣乾燥，之所以碰到金屬時常會觸電，或是衣服容易糾纏在一起，是因為表面附著了大量靜電並一次釋放的關係。空氣中有水分時，靜電會慢慢釋放（不易積累）。另外，可以採取一些方法慢慢釋放積累的靜電（例如不要以指尖碰門把，而以整隻手掌觸摸），就可降低靜電的影響。

可能有很多人覺得「靜電這種現象，還是不要存在比較好」。不過，在生活中，靜電也扮演了很重要的角色，例如影印機。**影印機是靠靜電讓黑色粉末（碳粉）附著在紙上的。**

圖4-1-1　以前曾有人用風箏集電　　　圖4-1-2　萊登瓶

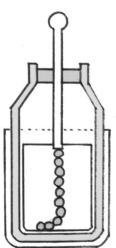

蒐集雷電是非常危險的！

2. 製造電：電的真面目是原子中的「電子」

　　在人們只知道靜電的時代，大家都不知道電的真面目到底是「粒子」還是「流體」。據說富蘭克林當時認為雷電是「可以蒐集的流體」。在只能靠摩擦生電的時代，要想研究電的本質，只能靠儲存靜電的方法。製造出來的，就是前一節解說的「萊登瓶」。

　　庫侖（1736～1806）就是在這樣的時代下，研究電荷間的作用力。他發現電荷有正（＋）與負（－）兩種，異極互相吸引，同極則互相排斥。庫侖使用精密的「扭秤」量測出帶電小球間的作用力，隨後又發現電力的量值與帶電小球間的距離平方成反比。這種函數關係與萬有引力定律相同。

　　科學家可以從意想不到的地方，發現研究電的方法。生物學家路易吉・伽伐尼（Luigi Galvani，1737～1798）以兩種金屬（銅與鋅）製成的鑷子夾取青蛙的肌肉時，已死的青蛙肌肉居然收縮了。透過這個現象，伽伐尼推測應該有電流流過青蛙的肌肉，於是提出了電池的原理。

　　真正從伽伐尼發現的現象而發明電池的是伏打（Alessandro Volta，1745～1827）。而丹尼爾（John Frederic Daniell，1790～1845）則是最早製作出可用電池的人。當時因為人們還不了解電到底是什麼，所以都認為電流的方向是從正極流向負極。

　　也因為**人們得到了遠比萊登瓶更便於使用的電力來源，對電學的**

知識也大幅提升，隨後也逐漸了解本書之後介紹的電流與磁場的關係。不過，人們還是不了解電的真面目。

到了十九世紀中葉，人們發現了「真空放電」的現象。霓虹燈與日光燈正是利用真空放電的現象，其原理為在玻璃管中引入電流，使氣體發光。透過真空放電的研究，大家開始認為「有某些物質從陰極射出」。等到開始理解原子的構造，並進一步了解原來電流的真面目是原子中稱為「電子」的粒子，還需要經過好一大段時間。

圖4-2　原子與電子

因電子從原子中飛出，留下的原子帶正電，而電子聚集的地方則帶負電。

將電子擬人化後的電子小姐

原子

3. 使用大量的電：
電學這才得以發展

　　或許聽起來很不可思議，但在人類了解電的真面目是電子之前，就已經開始用電了。發明電池以及製造發電機，都是在發現電子前數十年的事。

　　摩擦起電產生的電量，頂多只夠實驗室使用。即便在今天的學校實驗室中，應該都還能看到靠摩擦產生電的裝置。不過就算靠摩擦起電來生電，也只能使用儲存在萊登瓶裡面的量，因此無法增加多少電學的知識。

　　電池剛發明出來時，並不像現在的電池一樣，可以長期持續使用。不過，與摩擦生電得到的電量相比，人們開始能長時間使用大量的電了。也因為如此，人類慢慢的逐漸了解電與磁鐵間的關係，建立了真正開始用電的基礎。

　　首先，靠著電流，人類製作出磁鐵，稱為電磁鐵。不僅如此，也開始利用磁鐵來生電，這就是發電機的發明。透過發電機，人們開始可以生產比電池大量許多的電力，家庭中也可以自由用電了。1836年，丹尼爾電池發明之後不到半個世紀，東京點亮了第一座電燈。

　　讓‧查爾斯‧佩爾蒂（Jean Charles Peltier，1785～1845）發現了另一種發電的方式，他找出了一個方法讓電流流過有溫差的兩個物體，隨後蓋歐格‧西蒙‧歐姆（Georg Simon Ohm，1789～1854）利用這個性質，仔細研究了電的特性。不過，用這種方式產生的電量太

少，無法作為能源使用。

電池與發電機產生電的方式完全不同。電池利用物質與其他物質進行化學變化時產生的能量生電，而發電機則是將物體的動能轉成電能的裝置。儘管生電方式有這些差異，重要的是若要使用電能，就需要透過化學變化或是動能等其他形式的能量。

要讓電子從原子中脫離，或是要讓電子處於高能量狀態，不管用什麼方式，都需要耗能。

圖4-3　電能可以變化成各式各樣的能量

4. 電流像水流，
電阻能發光發熱

　　電的主體是電子，我們可以把電子看成一種粒子。有時候也可視為一種波，但本章暫時不討論。由於電子是非常微小的粒子，當考慮電子作為集團移動時（電流），若是**想成水分子的流動（水流），會更容易理解。**

　　導電的導線通常由銅等金屬製成。在這些金屬中，有許多可以自由移動的電子（自由電子）。如果將自由電子想成水分子的話，電線就相當於充滿水的水管。與每秒流過水管的水量相當的電子的量，就是電流大小（或直接說**電流**），**以安培（A）為單位。**

　　電流的流動方式與水流相同，取決於電流流過的導線粗度。**電流在粗導線中較易流動**，因此若需要通過大量電流時，一般會選擇使用較粗的導線。另外，電流的流動情況也會因導線材質不同而改變。金屬中有大量自由電子、容易讓電流通過，稱為「導體」。其中金、銀、銅特別容易讓電流通過，所以常用作導線的材料，但若需要大量使用時，則以價格較低廉的銅最合適。

　　鐵雖比銅便宜，但導電性不如銅，因此無法替代銅使用。鎳鉻合金絲（nichrome wire）與鎢更不易讓電流通過（一般說電阻很大），若通電的話會生熱、發光。因此也可利用此性質，不是用來讓電流通過，而是用於生熱或發光等用途。右頁圖4-4-1為常見物質的電阻率。數字越大，電阻越大，代表它是電流不易通過的物質。與導體相反，橡膠這類電流不易通過的物質，就稱為「非導體」或「絕緣體」。

圖4-4-1 主要物質的電阻率

物質	每1公尺的電阻（Ω）
銀	0.0000000159
銅	0.0000000168
金	0.0000000221
鋁	0.0000000265
鐵	0.000000100
碳	0.0000164
海水	0.20
純水	250000
人的皮膚	500000
硬質橡膠	1000000000000
瓷器	300000000000000

電阻率為每1公尺的電阻值（Ω）。純水以下的數值中，0代表的並不是剛好
為0，僅用於象徵位數的差異，純水的電阻率約為25萬。

圖4-4-2 電流的流動方式

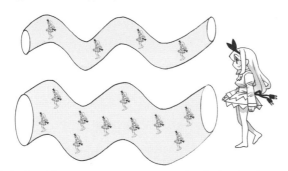

與水流動的方式一樣，通過的難易度取決於導線的粗度。口徑較大的導線，電
流較易通過，因此若需要通過大量電流時，會選擇使用粗導線。

5. 乾電池：
低電壓也可以產生大電流

　　若於寶特瓶中裝水、瓶身開一個洞，則水會從洞口噴出。若上、下開的洞大小相同，則位於下方的洞口噴水較劇烈。轉開水管的水龍頭後，水會流出，水流的強度取決於水塔相對於水龍頭的高度。山坡上的建築物，自來水常常流不太出來；而山坡下的自來水供水較順暢，就是這個道理。

　　電流的強度也一樣，會隨著相當於高度的量（稱為電壓）而不同。**電流流動的方式可以透過電流及電壓表示。**

　　電流的方向為由正極到負極，正與負的高低落差就是電壓，以伏特（V）為單位表示。乾電池的電壓為1.5V，所以就算用手指夾住正、負極，也幾乎不會有電流流過。不過，輸電用的高壓電電線通常電壓為數十萬伏特，如果誤觸的話，將會有大量電流通過身體，非常危險。

　　摩擦起電的話，儘管**電流量非常小**，但與乾電池相比，**電壓還是非常的高**（2,000～10,000V）。最近自助式加油站的數量越來越多，身體與加油裝置間若發生放電現象（電流流過空氣中）而產生火花，就非常危險。因此，必須要有接地裝置來釋放摩擦產生的靜電。若將乾電池的電壓比喻成寶特瓶噴出的水，摩擦起電就可以說是從瀑布奔流而下的水。相同物質中，若電壓較高，流過的電流也較多。不過，電壓高與電流強不同。

　　請一邊看圖、一邊理解。右頁圖4-5上圖左側代表電壓高的情

況，右側則代表電壓低的狀況；下面的圖左側代表摩擦起電，右側則
代表乾電池。就算**電壓低（如乾電池）**，也不能以導線直接連接正、
負極（使之短路）。電流變強後會發熱，有燙傷或起火燃燒的危險。

圖4-5　**高電壓與低電壓**

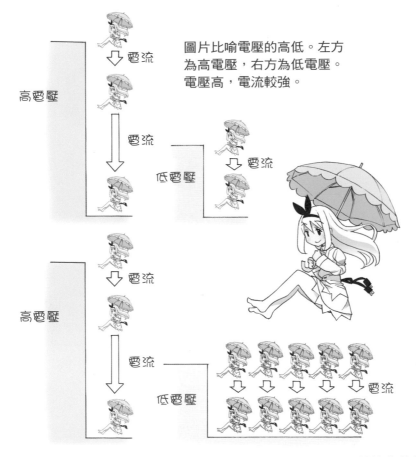

圖片比喻電壓的高低。左方
為高電壓，右方為低電壓。
電壓高，電流較強。

左邊雖為高電壓，但電流弱。右邊雖為低電壓，但電流強。就算像乾電池這種
電壓低的元件，**只要數量夠多，仍可以產生大電流。**

6. 電壓：電流乘以電阻

在日本，插座供給的電壓為100伏特（V），但海外有不少區域的電壓是200V。日本常見的電器用品如電燈泡，若在電壓為200V的區域使用，馬上就燒壞了。另外，使用電池的電器產品也常會附有「請務必使用幾V的電壓」等注意事項。

將水龍頭打開使水壓提高時，會有大量的水湧出；若轉緊的話，只會流出少許的水。電流也是一樣，相同的物質，若將電壓提高，電流就會變強。**歐姆首先發現電流與電壓成正比**，所以此正比關係稱為**「歐姆定理」**。若同一電路連接100V的電源時，假設流過的電流為2安培（A），若將電壓降為一半的50V時，電流也會變成一半的1A。這也是電器產品通常會規定使用電壓的原因之一。若不照規定的電壓使用，電流就會過多或過少。

電流＝常數×電壓，這個常數表達了電流傳導的容易度，稱為「電導率」。換句話說，這個常數的倒數就代表了電流傳導的困難度，稱為「電阻」（參照第4章第4節）。考慮歐姆定理及流過電路的電流大小時，我們不使用電導率而使用電阻，單位為歐姆（以希臘字母表示，寫成 Ω ）。

連接1V電源時，若電流為1A，則電阻定為 1Ω。因為歐姆定理指出電流與電壓成正比，若2A的電流流過 1Ω 電阻時的電壓，就是兩倍的2V。若以數學式表示，則如下式所示：

電壓（V）＝電阻（Ω）×電流（A）

　　像電燈泡及電熱線這種會發熱的物體，若溫度上升，電阻也會變大。但是一般來說，每種物質的電阻可視為一定值，可以說「電流與電壓成正比」。

　　導體中有許多自由電子。當按下開關時，之所以馬上就有電流通過，並不是因為電子可以高速瞬間移動。電子平常在導體中就承受電阻，以一定的速度慢慢移動，當按下開關時（電阻消失），導體中的電子就會一個接著一個開始往前推進。電壓變高時，電子一個接一個的移動，其速度變快，於是就有許多電子同時移動。

圖4-6　電壓與電流的關係

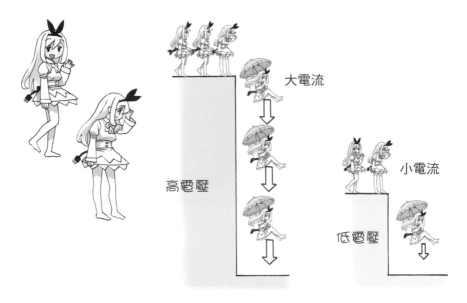

電壓高、電流強，也代表電子可以更快、更大量的流動。不過，由於受到電阻影響，所以會以一定的速度移動。

7. 串聯：
電流不變，各自電壓變小

要將兩個以上的電器用品（如電燈泡）連接電源，大致上可分成兩種方式。可如右頁圖4-7所示，將兩顆電燈泡照順序一個個串在一起，這稱為「串聯」；也可如下節中的圖4-8（第144頁）所示，將電燈泡並排連接，這稱為「並聯」。

為了理解串聯電路的概念，在此稍微修改第4章第4節中的水流模型，以人的移動為比喻。假設共有一百人從三樓走樓梯到一樓的玄關避難，若樓梯只有一座，就類似電路中的串聯，若有兩座，則類似電路中的並聯。本節只考慮一座樓梯的情況。三樓的高度則相當於電源的電壓，假設現在有兩個燈泡串聯在中間。因為一百個人從三樓下樓至一樓時，走同一座樓梯，每個人都會經過同樣的路徑。另外，靠著這麼多人（電流）往下走一層樓高避難（電壓差），可供應讓一顆燈泡發光的能量。電源的電壓固定，就相當於建築物的固定高度。

在此情況下，就算增加兩、三顆電燈泡，整體的高度（電壓）也不會改變，因為只不過是**每顆燈泡分到的電壓變小**而已。因此，當電器用品串聯，施加在每個電器用品的電壓和，等於電源的電壓。

電流可用移動人數來表示。因為途中沒有其他路徑可走，一百人都得經過同一樓梯下樓至玄關。不管從三樓到二樓，或是從二樓到一樓，都有一百人通過。也就是說，**串聯電路中不管哪一個部分，流過的電流均相同**。因為電器串聯時，不管何處流過的電流均相同，若途

中任何一處斷線（斷路），電流就無法流過電路的其他任何部分。

從歐姆定律可知：串聯電路的電阻，等於串聯電器的電阻總和。

圖4-7　串聯的示意圖

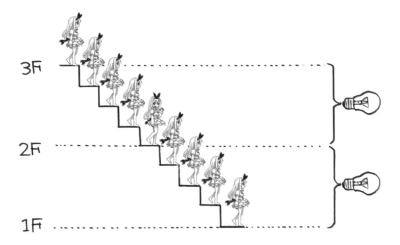

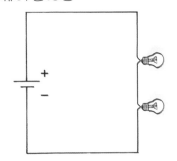

串聯的電路圖

不管電燈泡是一顆也好，兩顆也好，抑或是一百顆也好，整體的電壓不會改變。因此，施加在每個燈泡的電壓相加，就等於整體的電壓。

8. 並聯：
電壓不變，用電變多

　　在並聯的情況下，由於電流通過的路徑增多，就相當於多了幾座樓梯可走。這裡沿用第4章第7節的比喻，假設如果同樣有一百人必須從三樓走樓梯下樓至一樓的玄關，此時可以選擇使用任一樓梯。

　　在此情況下，如果沒有其他的捷徑，通過各個樓梯的人數總和為一百人。在圖4-8中樓梯有兩座。電源的電壓固定，相當於建築物的高度固定，這跟串聯電路的情況一樣。

　　在此也使用燈泡代表電器用品。不管電燈泡有一個、兩個或三

圖4-8　並聯電路的示意圖

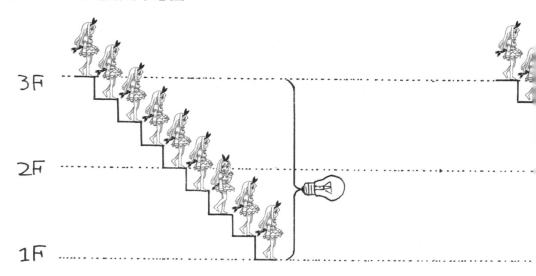

多一個電燈泡，就意味著多一座樓梯。橫跨每個電燈泡的電壓均相同。整體的電流，為流過各電燈泡的電流總和。

個，建築物的高度不會改變，也就是電壓不會改變。這意味著橫跨每個電燈泡的電壓均相同。這同時也表示，**在並聯電路中，總電流等於流過個別電器用品的電流總和**。就算走其中一座樓梯的人數不滿一百人，走過各座樓梯的人數總和，應該還是與原本的人數相同。

在移動人數沒有限制的情況下，若樓梯的寬度（電阻）相同，兩座樓梯比起一座樓梯，可供更多人下樓（更多電流通過）。

並聯電路中，並聯的電器（電阻）越多，整體通過的電流越大。並聯電路的電流傳輸能力等於個別電流傳輸能力（電導率）的總和。反過來說，「各電阻的倒數總和，等於整體等效電阻的倒數」。

家庭用的電路配線為並聯電路。因此，不管是哪一個插座，電壓值均為100V。如果其中一個電器故障，也不用擔心其他的電器無法使用。

並列的回路圖

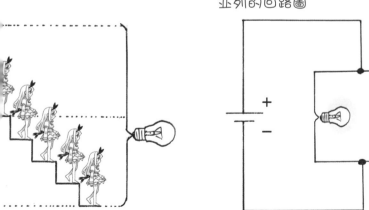

9. 一度電是幾千瓦？

　　電視機、冷氣、照明設備……生活周遭處處使用電能。若以先前比擬的水流來看，相當於有大量的水從高處落下時，釋放的巨大能量。電也是一樣，電壓越高或電流越大時，電能就越大。

　　談到電器用品時，常會提到「多少**瓦特（Ｗ）」，這個數值是電壓與電流的乘積**，稱為功率。電器用品常會標明「耗電功率：多少瓦特（Ｗ）」。瓦數小的照明器具較昏暗，瓦數大的照明器具較明亮，原因在於瓦數大的照明器具使用的電能較大。不過，瓦特這個單位指的是每秒消耗的電能。

　　此外，因為一般家庭的電源為100V，所以若使用800W的電器用品，就代表流經的電流為8安培（800W/100V）。家庭用的電路配線為並聯形式，因此若使用延長線連接功率較大的幾件電器時，整個電路會有很大的電流通過，相當危險。

　　那麼，電費是怎麼計算的呢？汽油是讓車輛移動的能源，常以「每公升〇〇元」的方式販售。買的汽油量越多，可以得到的能量也越大，電費也是使用同樣的概念計價。

　　前面提到**瓦數**為「每秒消耗的能量」，因此將這個數字**乘以使用時間，就是消耗的電能總量**，一般稱為「總電能」。家庭使用的電量數字很大，所以電流乘以電壓的功率值以瓩（kW，念「千瓦」）表示，以每小時為單位計算出來的每千瓦用電量，一般用「度」（kWh，千瓦小時）來表示。

圖4-9-1　東京電力公司電費表（從量電燈Ｂ）　　　（單位：日圓）

費率			費用單價
電　費	最初的120度	第一階段收費	1度（kWh）	19.43
	超過120度、不滿300度	第二階段收費		25.91
	超過300度的部分	第三階段收費		29.93

資料來源：東京電力公司網站　　　　　　　　　　（2015年11月時的資料）

圖4-9-2　關西電力公司電費表（從量電燈Ａ）　　　（單位：日圓）

費率			費用單價
電　費	超過15度、不滿120度	第一階段收費	1度（kWh）	22.83
	超過120度、不滿300度	第二階段收費		29.26
	超過300度的部分	第三階段收費		33.32

資料來源：關西電力公司網站　　　　　　　　　　（2015年11月時的資料）

實際的電費會隨著不同區域及時期而有差異。這是因為每個區域中的發電廠其種類與規模均不相同，導致發電所需成本不同。

（編按：臺灣的電費計算方式可參照下表，本表以住商型簡易時間電價〔二段式〕為例。資料來源：臺灣電力公司網站，2021年5月時的資料。）

分　　　　類					夏月 （6/1至9/30）	非夏月 （夏月以外時間）
基本電費	按戶計收			每戶每月	75.00	
流動電費	週一至週五	尖峰時間	07:30～22:30	每度	4.44	4.23
		離峰時間	00:00～07:30 22:30～24:00		1.80	1.73
	週六、週日 及離峰日	離峰時間	全日		1.80	1.73
	每月總度數超過2,000度之部分			每度	加0.96	

單位：元

圖4-9-3　延長線

家庭用的電路配線為並聯形式，因此若使用延長線連接功率（瓦數）較大的幾件電器時，整個電路會有大量的電流通過，相當危險。

10. 發電過程，
　　會有能量變成熱而流失

先前解釋串聯及並聯的概念時，是以樓梯來比喻，但人們並不會一開始就處在高樓層，必須要先爬上去。水流模型也是，因為透過幫浦將水打上去，水才能流得出來。要將人或水抬到高處，就需要能量。而產生這種能量的裝置，不外乎就是電池或發電機。關於電池與發電機的差異，將會在第4章第11節討論，這節先考慮發電機產生的能量。

要將人運到高處，便需要能量。像是在大樓中有電梯和手扶梯，在空中有熱氣球及飛機，在太空中有火箭，諸如此類使用了非常多種機械。每一種工具儘管方式不同，但都需要能量。要得到電能，同樣也需要其他種類的能量。

不過，若利用其他發電機來讓發電機運作，就沒有任何意義。因此一般使用的是化石燃料、核能或再生能源（如水力、風力、太陽能等）。這邊試著把將水運往高處的功能想成是「發電機」，而讓水往下流的功能想成是「馬達（用電）」。當水力或風力不足時，若同時使用多個馬達，則耗能會超過發電機的負荷能力，馬達於是停止。

那麼，若是馬達的耗能量低於發電機產能時，會怎麼樣呢？這時候似乎只要將發電量減少就行，不過事實上沒有那麼簡單。有一大部分的能量會變成無用的熱而白白喪失。

如果如右頁圖4-10所示，將馬達與發電機1直接連接起來，使用

發電機 1 產生的能量讓馬達運轉，再利用馬達的運轉啟動發電機 2，這樣感覺可以省去不少浪費。因為馬達運轉，感覺可以順利作功。然而可惜的是，發電機 1 產生的能量，有部分會於轉動馬達時，以熱的形式散失，可以用來讓發電機 2 運轉的能量便更少了。這樣下去，發電機 2 得到的能量與發電機 1 產出的能量相比，便少了許多。如果持續這樣運作下去，能量就會一點一滴減少。

圖 4-10　發電機與馬達相連，就不會浪費？

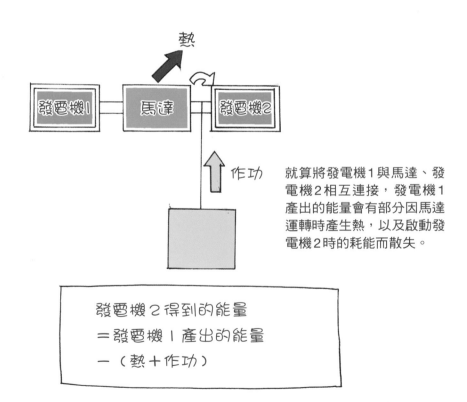

就算將發電機 1 與馬達、發電機 2 相互連接，發電機 1 產出的能量會有部分因馬達運轉時產生熱，以及啟動發電機 2 時的耗能而散失。

11. 變壓、整流，還要轉換頻率

　　電池會將化學變化產生的能量轉換成電能。發電機能將動能轉成電流。不過，發電機與電池除了能量的源頭不同之外，還有許多重大的差異。電池的特點是體積小、方便攜帶。不過它還有另一個更大的特點，是電流的流向固定。這種形式的電流稱為直流電。

　　不同物質因化學變化而放出電子的難易程度不同，其順序也是固定的，因此才會將「**容易釋出電子的物質作為電池的負極**」。

　　最早期的發電機也是直流電，但交流電發電機發明後，電力產業開始大量普及。直流電有不少優點，但同時也有缺點。「難以產出高電壓、難以變壓」與「大電流的開關，切換上較困難」就是其中兩個缺點。交流電單單是容易變壓這點，就是很大的優點，又因為高電壓送電可以降低損耗，對於傳輸電力來說，也比較有利（參照第5章第10節）。

　　現今的發電機產出的電流，其流向會週期性的改變，因此叫交流電。每秒內切換方向的次數（頻率）以赫茲（Hz）表示，發電廠供電的頻率是50或60赫茲。

　　日本剛開始用電時，成立了很多電力公司，也引進了不同規格的發電機。因此，直到目前，發電的頻率並未統一，仍維持東日本50赫茲（中國大陸同）、西日本60赫茲（臺灣同）。**頻率不同，許多電器用品的運作模式也會改變**（尤其計時器會不準、燈閃爍、交流馬達轉速改變）。另外，因為頻率不同，東日本與西日本之間的電力調度變

得困難。這是因為從發電廠送出的大電流不易變換頻率的關係。

不過，也有不少電子元件不能直接使用交流電。因此如變壓器等能將插座的交流電轉換成直流電的裝置也越做越小，使許多家電產品開始進入家庭。

圖4-11-1　交流電的好處

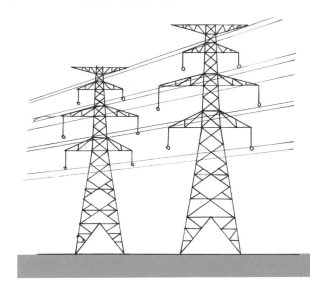

交流電容易升壓成高壓電。以高壓電送電，能量損耗較低，因此可將發電廠產出的電輸送至較遠的區域。

圖4-11-2　頻率的差異

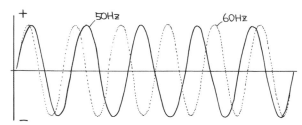

50赫茲與60赫茲的電波，其正負變換的時間點不同。

12. 電的儲存與電容

為了在需要用電時就有電可用，必須將電儲存起來。在手機及筆記型電腦、油電混合車、電動車等機械中，均使用一種可以將電轉化成化學形式（電解），而保存電能的裝置。

這種裝置稱為「蓄電池」。普通的電池用完了，便無法再次利用，但蓄電池最大的特徵就在於可充電（再利用）。

蓄電池提供的電壓、電流大小以及使用時間，均隨使用的物質種類及其組合不同而異。油電混合車及電動車因為需要大量的電力，會使用大量的蓄電池。目前太陽能發電受到大眾的注目，只要在白天靠太陽光發電，再儲存於蓄電池中，晚上也可以用電。

儲電裝置中，也包含一種稱為電容器（capacitor）的元件。電容器廣泛使用在手機及電腦等生活周遭的各種精密機械。

與蓄電池不同的是，**電容器運用電的物理特性來儲電**。若使用聚丙烯製的墊板與頭髮摩擦，頭髮就會豎起。這是因為頭髮所帶的正電與墊板所帶的負電相互吸引的關係。只要使墊板與頭髮間（正負電之間）**保持適當距離，各自可以儲存同樣大小的電量**。

話雖如此，電容器可儲存的電量程度大約只有蓄電池的一億分之一而已（依電容器的種類不同而有差異）。這麼少的電量，無法讓汽車動起來（**目前也正在研發，儲存的電量足以讓汽車移動的電容器**）。

◆ 電容器能夠記憶資訊

不過，電容器具有蓄電池所沒有的功能，那就是**記憶資訊的能力**。電容器可以靠著蓄電與否來記憶資訊。記憶資訊有許多方法，其中之一就是使用電容器。

另外，電容器雖無法導通直流電，但可使交流電通過。利用這個性質，若使用線圈（螺線管）搭配電容器，就可製造出一組電路，只讓帶有某特定波長（頻率）的電流通過。以此為基礎，人們便開發出電子產品來收發特定波長（頻率）的電波。

圖4-12　電容器

電容器也用於精密機械的零件。

13. 電動車受重視，
不只是因為環保

　　油電混合車現在已經相當普及了，一般指的是可以從汽油及蓄電池兩種動力來源獲得能量的車種。靠現今的蓄電池，車子沒辦法行走長距離，因此長途車程還是需要汽油引擎。

　　不過，若車上裝載蓄電池，可**將踩煞車時耗費的一部分能量以電能形式回收再利用**。具有再生制動（又稱反饋制動）煞車機制的新幹線，也利用類似的原理。一般的汽油引擎車煞車時，車輛的動能會全數轉化成熱能逸散，無法回收。

　　電動車可大致分為兩大類，其一是本身就搭載可發電電池的車種，另一種是必須靠外接電源將電充進蓄電池的車種。目前逐漸實際運用的，是以外接電源將電充進蓄電池的車種。先將電能暫時轉換成化學能後，再將化學能轉為電能使用。

　　以可發電電池為動力來源的車輛，分為利用燃料電池（利用化學變化）與太陽能電池（光電池）兩種。以燃料電池為動力來源的車輛中，最有名的就是以氫氣為燃料的車了。而日本電視節目《THE！鐵腕！DASH！》中，出現一輛名叫「彈吉」（だん吉）的車子，裝載的則是太陽能板。但光靠太陽能發電，只能提供車輛運轉的部分能量。**電池形式的電動車，可說是未來主要的技術。**

　　那麼，為何電動車及油電混合車會比汽油車更受大眾注目呢？其原因不僅僅只是「環保」而已，更重要的是「效率」。

汽油車運轉時，先將化學變化產生的能量轉成熱能，再轉換成動能。事實上，這是相當沒效率的方式，最後利用的能量大約只有原來的三分之一而已。

發電廠雖然也採用同樣的方法發電，但因為規模大，效率會好一些。關鍵是，電動車用馬達將電能轉換成動能，效率會好很多。

不論如何，要使用能量，就必須先有原來的能量。儘管一般認為自然能源是可再生的綠能，但大致上其實也是太陽能的產物。

圖4-13　能量的轉換效率

燃燒汽油行走的汽車，
能量轉換效率很差。

使用再生制動煞車機制的新幹線，能量轉換效率優良。

電力儲存──改變世界的關鍵科技

2015年7月24日的「日經技術在線」（NIKKEI TECHNOLOGY ONLINE）網站有一篇報導提到：「松下（Panasonic）於2015年7月23日，成功試作出轉換效率約22.5%的Si型太陽能發電模組並公開發表。該公司在Si型太陽能電池領域中，保有25.6%轉換效率的紀錄，……（下略）」。這裡的「Si型」指的是「晶體矽」。

市售的家庭用太陽能板，就算是近期的產品，其轉換效率也不過15%到20%左右。另外，由於晶體矽太陽能板，原理上實現的轉換效率不會超過30%，因此目前技術人員也正在研究其他種類的材料及組成結構。

另外，2015年9月29日出版的《國家地理》雜誌日文版中，也刊載了一篇〈劃時代蓄電池開發成功，可用於一般住宅 美國哈佛大學〉的報導，文中介紹了《Science》期刊9月25號出版的內容。2015年10月10日的「日本經濟新聞電子版」中也刊載了同一則新聞。

這些刊物介紹的蓄電池（二次電池），均為液流電池（Flow Battery，正負極的反應於不同反應槽中進行），**與最近生活中廣泛使用的鋰離子電池不同，能夠進行大容量的蓄電**。儘管離實用化似乎還需要一些時日，但大家仍期待，此技術能彌補使用自然能源發電的缺點，也是最大的瓶頸：「發電量不穩定。」

若單看「電」這個字，或許會覺得有一點過時。電池（一次電池）也好，蓄電池也好，過去曾有一段時間，大家都認為已經無法再進步了。不過，太陽能電池剛開始也不過只有幾%的轉換效率而已；在鉛蓄電池的時代從沒想像過的鋰離子電池，已經可以提供車輛行走的動力；接著，到了今天，就如同液流電池一樣，也正在開發足以供應工廠用電、可儲存大量電力的電池。

第 5 章

電磁學：
發電、醫學、遙控器

　　電流通過後，周圍的空間就會產生磁場。比如說，直線電流通過時，就會產生相對於電流流動方向逆時鐘旋轉的磁場。因爲產生的是磁場，放上磁鐵後就會受到磁場作用。透過這個原理，只要製作線圈並通電流，就可以產生磁場。

1. 電荷形成「場」，相吸或相斥

　　電有正電及負電，正、負電會互相吸引。另外，正電與正電、負電與負電等同性電則會互相排斥（圖5-1-1）。**這種帶電物質互相吸引或排斥的力稱為庫侖力**。庫侖力的量值F與兩物質彼此的帶電量（電荷，設為Q、q）乘積（Qq）成正比，而與彼此距離r的平方成反比。若以數學式表示，則如同下式

$$F = k\ \frac{Qq}{r^2}\ \cdots\cdots ①$$

　　　　※k為常數

　　接著，若在空間中擺放帶有一定電量的物體時，物體的周圍會「形成電場」。「場」這個字大家可能不太常聽到，底下以簡單的例子討論。

圖5-1-1　**正電與負電**

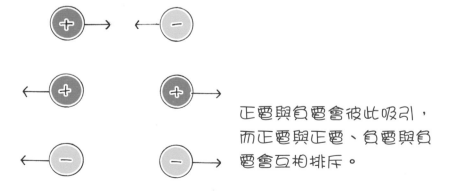

正電與負電會彼此吸引，而正電與正電、負電與負電會互相排斥。

所謂的電場，指的是當電荷存在時，周遭的空間會產生「電扭曲」的現象，因而造成其他電荷受力。聽到「電扭曲」這個說法，或許各位還是很難想像。

舉例來說，假設將透明的保鮮膜拉緊，鋪在碗的上方，然後再放上一顆雞蛋（圖5-1-2）。此時保鮮膜會因為雞蛋的重量而向下扭曲。在此假設肉眼看不到保鮮膜。因為肉眼看不到，便無從得知保鮮膜已經變形。此時，如果放進一顆彈珠，結果會如何？應該會看到彈珠在空無一物的空間中，往雞蛋的方向向下滾動。

相反的，若從保鮮膜下方將雞蛋往上頂，再放上彈珠，彈珠便會朝外滾落。也就是說，空間中相當於保鮮膜的，就是「場」。彈珠會

圖5-1-2　場的思維

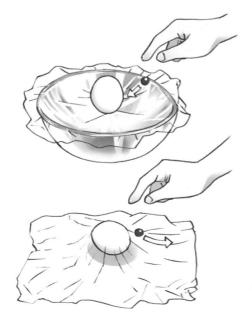

在此將場比喻成保鮮膜。若將雞蛋放置於緊鋪在大碗的保鮮膜上，保鮮膜會向下扭曲。這時若放上一顆彈珠，則彈珠會往雞蛋方向滾落。相反的，若從保鮮膜下方將雞蛋往上頂，保鮮膜會向上扭曲，此時放上彈珠，彈珠便會朝遠離雞蛋的方向滾落。

往下滾的原因是保鮮膜，因此可以想成「不管有沒有彈珠，空間（場）已經扭曲」。相對的，若不考慮場的存在與否，空間就沒有變形的問題，雞蛋與彈珠就直接互相作用。此時，當彈珠不存在，就沒有任何力作用，空間中也沒有任何變化。

以往主流的想法，都是「保有一定距離的兩物體直接互相作用」，因此，當時人們也認為，電力是「帶電粒子彼此直接互相作用的力」。另外，若不考慮場的存在，電荷間作用的力將會在一瞬間產生。相反的，若**考慮場的存在，就如同將雞蛋放在保鮮膜上，需要一陣子才能使保鮮膜變形**一樣，**電力也需要一段時間才能開始作用**。此外，若搖動保鮮膜上的雞蛋，保鮮膜會開始震動。如此一來，才能解釋波會在物理場中傳播，且其速度有限的現象。再者，真空中並沒有像保鮮膜這類使波傳遞的介質。因此，一般認為「**空間本身就具備，使光或電波等電磁波傳播的性質**」。

那麼，根據物理場的想法，重新思考先前介紹的庫侖公式。

◆ 庫侖公式

$$F = k\ \frac{Qq}{r^2}\ \cdots\cdots① （同前）　※k為常數$$

在這個式子中，若假設雞蛋為 Q、彈珠為 q，則不管 Q 多大，只要 q 為零，那 F 就等於零。也就是說，這個式子無法反映場的思維。於是我們將這個式子稍微變形：

$$F = k \ \frac{Qq}{r^2} = q \ \frac{kQ}{r^2} \cdots\cdots ②$$

此時若定義 $E = k \ \dfrac{Q}{r^2}$

$$F = k \ \frac{Qq}{r^2} = q \ \frac{kQ}{r^2} = qE \cdots\cdots ③$$

　　如上面數學式的推導，若定義電場 E，則就算 q 為零，只要 Q 不為零的前提成立，則儘管 F 為零，E 也不會為零（另一物質不帶電，或不存在，物質本身電場不受影響）。這邊的 E 可以想成是「表達物理場（電場）量值的物理量」。

　　根據③式，$F = qE$，因此 $E = \dfrac{F}{q}$

可以得知 E 等同於每一庫侖（1C）受到的電力量值。也因此 E 的單位為「每庫侖牛頓」（N/C）。

　　從這個式子中可以得知，首先**電場 E 先存在，然後若將帶電量 q 的電荷放進此電場中，則電荷會從電場受到 qE 量值的電力作用**。也就是說，就跟「只要雞蛋存在，保鮮膜就會變形」一樣，「只要空間中存在電荷，電場就會形成」。同樣的，也可以定義磁性物質形成的場──磁場，以及重力造成的重力場。

2. 「場」的樣貌：用正電荷的移動軌跡畫出電力線

　　若在電場中放入正電荷，就會如第5章第1節提到的，會受到庫侖力作用。此時若將正電荷移動的軌跡記錄下來，就可以畫出一條線。這條正電荷的移動軌跡線，稱為「電力線」。

　　電力線呈現出每個位置上電場的方向。現在假設電場為 E，我們就每平方公尺畫 E 條電力線（圖5-2-1）。這其實只是約定俗成的畫法，實際上空間中並不會真的有 E 條電力線，只是為了容易想像及計算方便，才這樣畫。

　　決定之後，只要知道空間中電力線的數量及狀態，就可得知該處的電場量值及樣貌。比如說，若在一個可視為無限大的平面上，有電荷均勻分布，那電荷形成的電場會是如何呢？

　　在這種情況下，因為電荷均勻分布，電力線將會垂直穿出平面（右頁圖5-2-2）。每條電力線都互相平行，就好像麥田中麥穗垂直

圖5-2-1　電力線

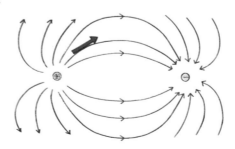

正電荷於電場中移動的軌跡，稱為電力線。電力線可顯示電場的方向。

圖5-2-2　垂直穿出平面的電力線

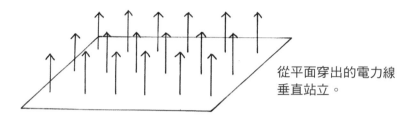

從平面穿出的電力線
垂直站立。

站著一樣。因此，可以靠著研究電力線的狀態，更容易想像此時電場的狀況。這個例子中，電力線單位面積中的數量（密度）不會隨著和平面的距離不同而改變。也就是說，電場的量值與和平面之間的距離無關，各處皆相同，方向為垂直穿出平面。

接著，從球體放射出去的電力線應該會如圖5-2-3那樣分布。半徑 r 變大之後，其涵蓋的表面積會與半徑的平方成正比而變大，所以可得知，電場的量值 E 會與半徑的平方成反比。這稱為平方反比法則。平方反比法則與空間的性質有關，其他的物理場如磁場及重力場等，也可用同樣的式子表示。

圖5-2-3　從球體發出的電力線

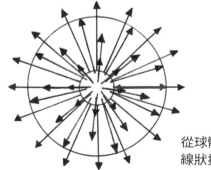

從球體發出的電力線，如刺蝟般以放射
線狀擴散。

3. 硬把相斥同極送作堆，
　 所花的功叫做電位差

　　假設現在空間中有帶正電的點電荷。此點電荷形成的電場應如下方圖5-3-1所示。此時考量以下狀況，若將帶有＋1庫侖（C）的正電荷移近此點電荷，此正電荷將受到電場方向的庫侖力。若要抵抗此電力，使之靠近點電荷，則需要一番功夫（需要作功）。此時作的功稱為「電位差」，或是「電壓」。

　　一般來說，若移動＋1庫侖的電荷需作功1焦耳，此時兩點間的電位差為1伏特（V）。因此，帶電量q（庫侖）的電荷在電位差為V（伏特）的兩點間移動時，需作的功W可表示為：

圖5-3-1　來自電場的受力

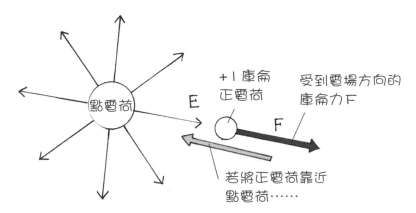

若將帶電量為＋1庫侖的正電荷，靠近帶有正電的點電荷，則會互相排斥。越使正電荷靠近點電荷，排斥力就越大。

$$W = qV$$

　　若是將此關係以圖表示，正電荷移動的路徑如圖5-3-2所示。此時+1庫侖的正電荷，就像放置在山坡上的小球一樣，若將手放開，就會開始往下滾。若要將球往高處推，需要費一番功夫，也就是需要作功。此時往上推的高度差，就是電位差V。

　　另外，就如同地圖上山地的等高線一樣，我們將等電位的點連接起來，就會形成「等位面」。即使讓電荷沿著等位面周邊移動，所作的功還是為零。另外，電位差V就如同圖5-3-2所示，只靠高低差決定，不管繞的路徑為何，只要高度差相同，對電荷作的功即相同。這種力稱為「保守力」，重力也是保守力的一種。

圖5-3-2　電位差的想像圖

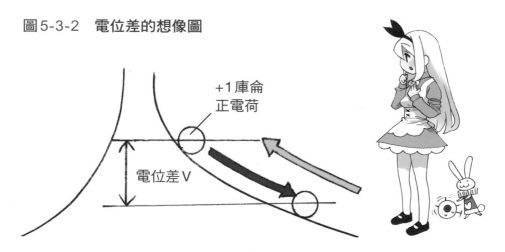

若將+1庫侖正電荷往上抬升，需要1焦耳的功，此時兩點間的電位差為1伏特。越往高處抬則越辛苦，手一放開便立刻滑落。

4. 電波干擾、收不到訊
——靜電屏蔽

金屬內部有許多可以自由到處移動的電子，一般稱為自由電子。若使帶有正電的物體靠近金屬，那麼靠近物體的金屬表面，會因為自由電子的關係出現負電。另外，因為自由電子的移動，金屬的另一側會出現正電。這種現象稱為「靜電感應」。

金屬內部不存在電場。理由是金屬內部會因為自由電子的移動，建立與外部相反的電場，而與外部的電場互相抵消。如果金屬內部留有些微電場，那麼自由電子會受庫侖力作用而移動，最終電場仍舊會消失。

◆ 靜電屏蔽

收音機、電視或是手機等接收電波的電器產品，**有時會接收不到訊號**，比如說，當我們身處隧道或是地下鐵的時候。在此進行一個與這類收訊障礙有關的實驗。

首先將金屬製的籃子罩在收音機上方。此時，因為籃子是金屬製的，其金屬表面會因靜電感應產生電荷。因此，其內部的電場會變為零。此現象稱為靜電屏蔽。就算外部電場變化，自由電子都會馬上移動，讓金屬網內部的電場保持為零。也因為這個原因，金屬內部較難收到外界的電波訊號。

圖5-4-1　靜電感應

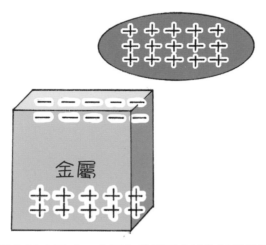

將帶有正電的物體靠近金屬時，金屬內的電子會被靠近的物體吸引。另一側則會帶正電。

圖5-4-2　靜電屏蔽

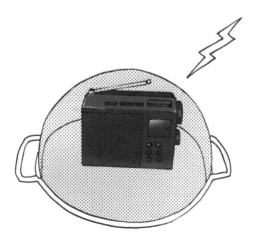

因為金屬籃子表面會產生電荷，而使籃中電場為零，所以收音機不易接收外界的電波。

5. 絕緣體也能帶電

　　冬天劈哩啪啦作響的靜電，總是讓人不舒服吧。因為靜電的關係，常會有灰塵或小紙片吸附上來。另外，大家應該都有玩過用力以墊板摩擦頭部，使頭髮豎起來的遊戲吧（圖5-5-1）。

　　因為金屬內部存在自由電子，所以可以理解金屬會與電產生交互作用。那麼，為什麼像是墊板這種內部沒有自由電子，而且應該是不導電的絕緣體，會與電作用呢？

圖5-5-1　墊板、頭髮與靜電

用墊板摩擦頭髮後，頭髮會被墊板拉起。這是因為頭髮中的電子一瞬間轉移到墊板上（有時候會產生啪擦的聲音），讓頭髮帶正電，墊板帶負電，進而互相吸引。

　　以墊板的例子來看，其中一方的電子透過摩擦脫離表面，而轉移到摩擦對象上。也因此造成一邊帶負電，一邊帶正電的狀況，進而互相吸引。

　　不過，帶電的墊板也同樣會吸引未經過摩擦的灰塵或小紙片等絕緣體。這又是為什麼呢？

　　絕緣體內部的粒子，其電子雖然無法像自由電子一樣移動，但受到外界的電的影響產生偏移，使絕緣體表面出現帶電的狀況。這種現象一般稱為「介電極化」（圖5-5-2）。因為介電極化的發生，絕緣體表面也會帶電。因此，儘管絕緣體中沒有自由電子，仍然會受到外界的電的影響。

圖5-5-2　介電極化

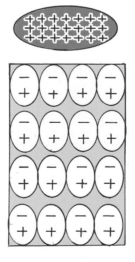

將帶正電的物體移近絕緣體，電子雖不會移動，但其內部的電子會稍微往帶正電的物體偏移。雖不像金屬一樣有自由電子移動，內部電場也不會抵消為零，但外部電場的影響會稍微減弱。

6. 磁鐵切半，磁力為何減半？

所謂的磁場，就如同電場一樣，指的是磁鐵的力量影響所及的空間。鐵製的迴紋針等物品會被磁鐵吸引。也就是說，磁鐵的周圍會產生磁場。另外，只要查看指南針，就可以輕易知道方位。這是因為地球本身就是一個巨大的磁鐵，指針會指向北方，就是因為受到這個巨大磁鐵吸引的關係。換句話說，地球形成了一個巨大的磁場。

關於磁場的庫侖定律，如下式所示：

$$F = Km\frac{m_1 m_2}{r^2} \qquad ※ Km 為常數$$

m_1 與 m_2 代表磁極的強度，而 r 代表磁極間的距離。這與電力的庫侖公式一模一樣。話說回來，北極的英文是「North Pole」，那是否也是磁鐵的 N 極呢？答案很簡單，磁鐵 N 極吸引的是 S 極，所以北極的磁極是 S 極。

接下來，先來個小測驗，如果把磁鐵切成一半，會怎麼樣呢？

A：磁力消失。

B：會變成兩個磁力減半的小磁鐵。

C：會變成一個只有 N 極，一個只有 S 極的磁鐵。

正確答案是 B，會變成各只有一半大小的小磁鐵。話說，不管把磁鐵切得再怎麼細，磁鐵一定都同時具有 N 極與 S 極，不可能製造出只有 N 極或 S 極等單極的磁鐵。為什麼呢？若製作一個線圈並通電流，線圈就會帶有磁性，這就是所謂的電磁鐵。從微觀的觀點來看，構成物質的原子周圍有電子環繞，電子本身也會自轉。也就是說，其實原子本身就具備線圈的性質。若將原子看成一種小型的電磁鐵，就可以理解，為何一般情況下，不可能存在只有 N 極或 S 極這種單磁極的磁鐵了。

圖5-6　如果把磁鐵切成一半？

會變成大小只有一半的兩個磁鐵。只有 N 極或 S 極的磁鐵是不存在的。

7. 自然現象與醫療科技都用到電磁學

　　在磁場中，**磁鐵的N極所受到的磁力方向定義為磁場的方向**，以箭號表示（圖5-7-1）。若對磁場中的導線通過電流I，導線會受到來自磁場的磁力F作用。此磁力的方向可由「弗萊明的左手定則」得知（圖5-7-2）。若以左手的中指代表電流方向，食指為磁場方向，則如圖所示，拇指、食指、中指互成九十度張開時，拇指的方向就代表磁力的方向。

圖5-7-1　磁場的方向

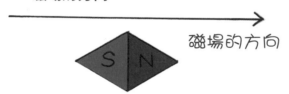

指南針N極的指向為磁場的方向。順帶一提，地球是北方為S極、南方為N極的大型磁鐵。

圖5-7-2　弗萊明的左手定則（按：目前臺灣的教科書已不採用）

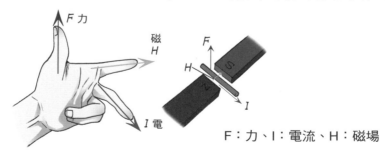

F：力、I：電流、H：磁場

◆ 勞侖茲力

　　一般來說，在磁場中運動的帶電粒子會受到「勞侖茲力」作用。弗萊明的左手定則中所代表的受力，實際上就是電子在導線中流動時，受到勞侖茲力作用，使得整體看起來像是導線受力一般。

　　若將弗萊明的左手定則裡，中指代表的電流方向定義成「帶正電粒子的運動方向」，其他手指的方向就代表磁力與磁場的方向。另外，若運動中的粒子為電子帶有負電的情況，則受力方向為弗萊明的左手定則中，拇指顯示方向的反方向。

　　那麼，水平進入均勻磁場內的帶電粒子，會因為受到勞侖茲力，改變其運動方向。但其受力方向，根據弗萊明的左手定則，總是與磁場及粒子前進方向垂直（圖5-7-3）。因此，此力將會成為粒子進行圓周運動的向心力，而粒子將進行圓周運動。

　　利用這個性質開發出來的就是圓形加速器（也稱「迴旋加速器」，或稱為「同步迴旋加速器」），可用來製造放射性藥物，對全身器官或腫瘤組織作顯影。此外，極光（歐若拉）是太陽散發出的帶電粒子，因地球磁場受勞侖茲力作用進行螺旋運動時，與地球大氣的空氣分子對撞所產生的發光現象。

圖5-7-3　加速器的原理

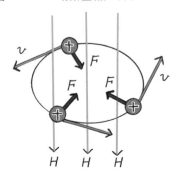

根據弗萊明的左手定則，水平進入磁場（H）的帶電粒子，會受到與磁場（H）及電流（I）（此圖中標示為v）相互垂直的勞侖茲力（F）作用。帶電粒子會因為勞侖茲力作用而進行圓周運動。此原理的應用例子就是圓形加速器。

8. 電流會產生磁場
——右手定則

　　電流通過後，周圍的空間就會產生磁場。比如說，直線電流通過時，就會產生相對於電流流動方向逆時鐘旋轉的磁場（圖5-8-1）。因為產生的是磁場，放上磁鐵後就會受到磁場作用。透過這個原理，只要製作線圈並通電流，就可以產生磁場（右頁圖5-8-2）。

圖5-8-1　右手螺旋定則

直線電流產生的磁場（H），其方向為相對於電流方向（I）逆時針旋轉（如同右旋螺絲螺紋前進方向）。

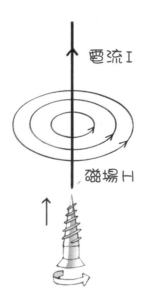

　　這個線圈產生的磁場H，可由右手定則得知其方向。手指握住時，朝向的方向代表電流以何種方向流過線圈上纏繞的導線，此時如右頁圖5-8-3所示，右手拇指所指的方向即為產生磁場的方向。

圖5-8-2 **線圈電流產生的磁場**

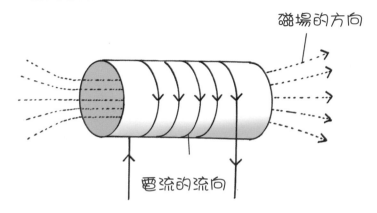

圖5-8-3 **右手定則**

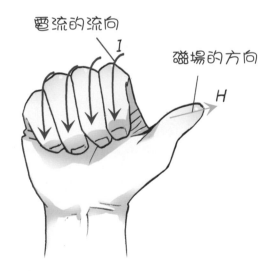

如圖所示，若電流朝四指握住的線圈方向流動，則拇指所指的方向產生磁場（H）。

9. 欲拒還迎
——電磁感應

　　如果**將磁鐵突然靠近或遠離線圈，線圈會產生電壓，而有電流流過。這個現象稱為「電磁感應」**。如圖5-9-1一樣，將磁鐵的N極靠近線圈，看看會發生什麼事。此時線圈會於磁鐵進入的一端誘導產生N極，阻止線圈進入。這就是所謂的**「冷次定律」**。

　　那麼，如果像圖5-9-1，磁鐵的N極突然遠離線圈，又會怎麼樣？此時線圈靠磁鐵端會產生S極，阻止磁鐵遠離。一般來說，這種情況下，線圈會因應磁鐵，朝阻止磁鐵變化的方向產生磁場，而感應電流也會順應磁場的方向而產生。

圖5-9-1　冷次定律

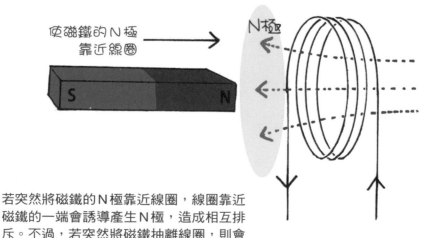

若突然將磁鐵的N極靠近線圈，線圈靠近磁鐵的一端會誘導產生N極，造成相互排斥。不過，若突然將磁鐵抽離線圈，則會誘導產生S極，造成互相吸引。

　　此例中，若使磁鐵的 N 極遠離，線圈會於靠近磁鐵 N 極的一端產生 S 極，因此磁鐵與線圈會互相吸引。手必須抵抗吸引力，費更大的勁才能將磁鐵抽離線圈。也就是說，線圈藉由誘導產生相反方向的磁場，讓握著磁鐵的手作功，作功產生的能量即變成電流的能量。

　　接著，這邊來個小測驗。下列硬幣中，會吸住磁鐵的是哪個呢？**是一圓硬幣？五圓硬幣？十圓硬幣？五十圓硬幣？一百圓硬幣？**（皆為日圓硬幣，圖 5-9-2）。

圖 5-9-2　渦電流

將磁鐵放置於一圓硬幣上方，然後迅速往上抽離時，會產生電磁感應，使一圓硬幣如線圈一樣產生感應電流。若磁鐵下端為 N 極，則一圓硬幣朝上的面會產生 S 極，使兩者互相吸引，進而使一圓硬幣吸附磁鐵。

　　如果什麼事都不做，上述硬幣皆不會在眼前與磁鐵相吸。不過，只要稍微花點功夫，重量輕的鋁製一圓硬幣就會與磁鐵相吸。辦法就是將磁鐵靠近一圓硬幣，然後快速的將磁鐵往上抽離。這樣一來，一圓硬幣就會吸附在磁鐵上。

　　這是為什麼呢？請回想剛剛解釋過的線圈電磁感應理論。線圈會朝妨礙現狀改變的方向製造磁場，產生感應電流。一圓硬幣雖然不是線圈，但也會像線圈一樣，遵循冷次定律，產生漩渦狀的電流，而在硬幣表面上，產生與快速抽離的磁鐵相反的極性。

　　也就是說，若靠近硬幣的磁鐵端為 N 極，一圓硬幣靠近磁鐵的一端，就會產生 S 極，使磁鐵與硬幣互相吸引，看起來就好像較輕的一圓硬幣吸附在磁鐵上一樣。這個現象稱為「**渦電流**」。

10. 送電與變壓

我們**利用電磁感應使線圈產生電流**，以獲得每日生活的電能。**這就是一般發電廠應用的原理**。火力發電及核能發電則是靠熱能使水沸騰，進而利用產生的水蒸氣使線圈轉動、獲得電能。水力發電則是靠水從高處落下產生的衝擊力，轉動線圈。

◆ 從發電廠到一般住家

發電廠產生的電會先轉換成高壓電，再由高壓電線輸送出去。在家中使用的電壓約為 100V 或 200V，但高壓電線中流動的電高達數萬到百萬伏特，為什麼要以高壓電輸電呢？這是為了將輸電時的能量損耗降至最低的緣故。電壓越高，輸電中電能的損耗就越少。

若假設電線的電阻為 R，流過電線的電流為 I，那麼每秒損耗的電能為 I^2R。因此，高壓送電是靠著減少流過的電流抑制損耗。發電廠發電時，每秒產生固定電能 IV，因此可以靠著提高電壓 V，來降低電流 I。

交流電適合做這類的電壓轉換。主要是因為交流電藉由利用變壓器，能夠較簡單的轉換為不同電壓。負責轉換電壓的變壓器，其原理如下頁圖 5-10 所示。簡單來說，**變壓器只是在鐵心周圍的「主線圈」端與「副線圈」端分別纏繞不同匝數（圈數）的線圈而已**。若主線圈端的匝數為 n_1、電壓為 v_1，而副線圈的匝數為 n_2、電壓為 v_2，則

下列關係成立。

$$n_1 : n_2 = V_1 : V_2$$

因此，改變線圈的匝數比，就可以將原電壓轉換成期望的電壓。

圖 5-10　**變壓器的原理**

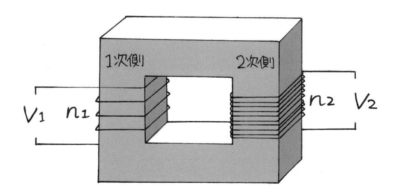

變壓器中的鐵心上有主線圈（輸入端）與副線圈（輸出端）兩端，分別纏繞好線圈（電線）。若主線圈匝數（n_1）多於副線圈匝數（n_2），則副線圈端的電壓（V_2）會低於主線圈端的電壓（V_1）。相反的，若主線圈匝數（n_1）少於副線圈匝數（n_2），則副線圈端的電壓（v_2）會高於主線圈端的電壓（v_1）

11. 紅外線和X光，都是電磁波

　　我們能看見從紅色到紫色之間的各種顏色。目前已經得知人眼可以察覺的光的波長 λ，大約介於380～770奈米（nm）之間（1nm為 1.0×10^{-9} m）。

　　那麼，是否還有其他波長的光？例如紫外線與紅外線，雖然人眼無法察覺，但也只是我們的肉眼看不見而已，它們其實一直都在我們周遭。比如說，紫外線會晒黑皮膚；紅外線也被稱為熱線，可以傳遞熱。電視機等電器的遙控器也常使用紅外線。遙控器會發射紅外線，靠著紅外線對電視等電器傳送訊號。

　　若以攝影機拍攝操作遙控器的過程，會發現遙控器的指示燈一閃一閃的發光。這是因為攝影機中的光偵測器（CCD等）能感測紅外線的關係。

　　看電視、聽廣播、打電話時，**空間中傳播的電波其實都是「光」的一種形式，只是波長不同而已。**

　　一般而言，**電波的波長較長，可見光的波長較短。**X射線的波長比可見光短，而伽瑪射線（Gamma ray，γ 射線）屬於放射線的一種，其波長又比X射線更短。這些波統稱為電磁波。電磁波在空間中不斷變動的磁場與電場以橫波傳遞，在真空中也可傳遞。

　　若在真空中，電磁波的傳播速度都維持秒速30萬公里。每振動一次，就會前進一個波長 λ 的距離。其速度為每秒（單位時間）前

進的距離，因此電磁波的傳播速度 c，若 1 秒內振動 ν 次，再帶入波長 λ，也就是以下的關係式：

$$c = \nu \lambda$$

c 為定值，所以若**波長 λ 較長，振動頻率 ν 就會較低**；相反的，若波長短，振動頻率較高。

圖 5-11　不同種類的電磁波，其頻率與波長的差異

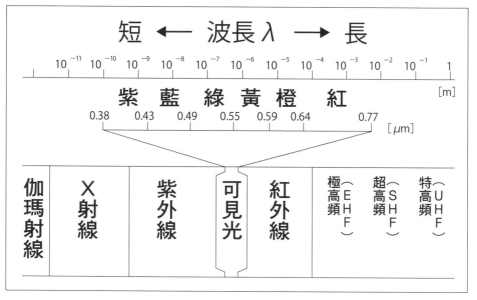

波長 λ 越短，能量越大；波長 λ 越長，能量越小。要成功阻隔波長 λ 很短、能量很大的伽瑪射線，需要厚度達 10 公分的鉛板。

參考資料：NIPPON HEATER 網站

12. 在電暖爐旁不會晒黑，
因為是紅外線

電磁波頻率越高（波長越短），擁有的能量越大。電磁波擁有的能量 E，與其頻率 ν 成正比。

$$E = h\nu \qquad ※h 為普朗克常數（比例常數）$$

這個式子顯示，頻率高（波長短）的紫外線擁有的能量，比頻率低（波長長）的紅外線大。在波長長的紅外線電暖爐前，長時間打瞌睡也不會晒黑；但在南方國度的艷陽下，若沒採取任何抗 UV（Ultra Violet，紫外線）的措施就不小心睡著的話，就會暴露在紫外線之下而晒傷。

另外，X 射線擁有的能量更高，而 γ 射線擁有的能量又比 X 射線更高。X 射線及 γ 射線因為具有高能量，有時也會對人體造成傷害。

◆ X 射線的繞射及干涉現象

光因為是一種波，所以會有繞射（繞射是指波碰到障礙物時，繞進障礙物的現象，見第 221 頁）及干涉（兩波重疊時，彼此弱化或強化的現象，見第 221 頁）現象。X 射線也是一種波，所以應該也會跟光波一樣展現繞射及干涉的特性。光波可以藉由使之通過非常細的狹縫來觀察其繞射及干涉現象。然而，X 射線因為波長更短，光波干涉

實驗用的狹縫顯得太寬，以致觀察不到其繞射及干涉的現象。

　　於是，為了能順利觀察到X射線的繞射及干涉現象，以證實其具有波的特性，會將X射線打在晶格距離較小的「物質晶體結構」上。勞厄（Max von Laue，1879～1960）當時將X射線打進物質的結晶構造進行干涉實驗，最後成功觀察到稱為「勞厄斑點」的干涉花紋。當時成功產生干涉的條件如下。一般稱為「布拉格條件式」，在X射線光學領域中，是很重要的式子。

♠布拉格條件式：$2d\sin\theta = m\lambda$

圖5-12　以光程差解釋布拉格條件式

d：晶體間隔　　m：正整數
θ：X射線相對於晶格平面的入射角　　λ：X射線的波長

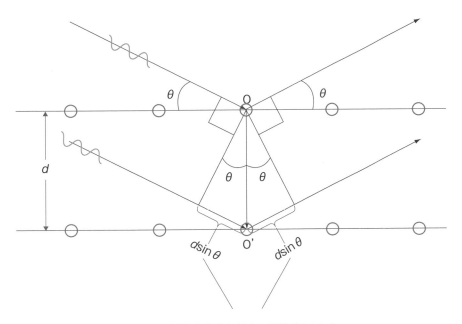

這兩段距離加起來，就等於2dsin θ

將波長短的X射線打在晶體間隔較小的物質結晶上，就可以觀察到繞射及干涉的現象。在上圖的實驗中，會產生一般稱為勞厄斑點的干涉花紋。

所有粒子都有波動性，包括我們

一般認為電子的「質量為9.1×10^{-31}公斤」。如果以常識思考，當然會認為「電子是一種粒子」。然而，從前就有人認為電子具有波動特性，他就是活躍於二十世紀的法國貴族路易‧德布羅意（Louis de Broglie，1892〜1987）。他雖然一開始專攻的是歷史學，但受到哥哥的影響，開始對物理產生興趣。

當時陸陸續續發現了許多古典物理學無法解釋的現象，物理學也進入了巨大變革的時代。就光學來看，當時愛因斯坦藉由光電效應的實驗結果，證實了光不僅僅具有波動特性，也具有粒子的性質。以往被大眾視為「是一種波」的光，也透過實驗發現具有粒子的特性。

德布羅意認為，如果連光波都具有粒子特性，那電子這種粒子或許也具有波動特性。這個革命性的理論當時並沒有獲得多數人支持，不過後來透過實驗，驗證了電子具有波的性質後，電子的波動說也成為無可置疑的事實。

這個實驗是由戴維生（Clinton Davisson）與革末（Lester Germer）進行，實驗結果顯示，電子因為鎳結晶而有繞射及干涉的現象。電子顯微鏡就是利用電子的波動特性開發出來的，比光學顯微鏡的光解析度高出許多。德布羅意也因為「發現了電子的波動性」這項貢獻，於1929年獲得了諾貝爾獎。

現在我們知道，不僅是電子，所有粒子都具有波動性，統稱為「物質波」。追根究柢來說，我們其實也是波組成的。

第 6 章

波：萬物都與波有關，包含你、我

　　思考「波」的共通點時，腦中浮現的是水面或空氣，或是具有一定延伸性及一定尺寸的介質，能上下、左右、或前後振動（變形），然後在不改變形狀的前提下往四周傳遞的畫面。這就是波的狀態。所謂的波，並不是一種「物體」，而是一種「現象」。生活中常見的波有音波、光波、電磁波等。

1. 波不是「物體」，而是現象

　　如果說我們居住的世界，幾乎一切萬物都與「波」有關，大家應該會很驚訝吧？生活周遭到底存在哪些波呢？水面上形成的水波，衝浪時乘的大海浪，還有雖然看不到、但感覺應該也是波的聲音等。

　　思考這些波的共通點時，腦中浮現的是水面或空氣等，具有一定延伸性及一定尺寸的介質，上下、左右、或前後振動（變形），然後在不改變形狀的前提下往四周傳遞的畫面吧。這就是波的狀態。所謂的波，並不是一種「物體」，而是一種「現象」。

人們技巧很好的站在連續改變形狀的水面上，這種運動就是衝浪。

2. 橫波與縱波

　　因為有振動的物體，才會有波動傳遞的現象。這種振動的物體稱為「介質」，之後會詳細說明。一般來說，振動的方式有兩種，介質振動方向與波前進方向垂直的波，稱為「橫波」；與波前進方向同向的波，稱為「縱波」。若以介質及振動方式歸類身邊主要的波，可以分成以下幾類。

波的種類	介質	種類
①水面的波	水	橫波※
②音波	空氣	縱波
③光波	（電磁場）	橫波
④電磁波	（電磁場）	橫波
⑤地震波	地殼	縱波、橫波

※詳細內容請參照第 6 章第 4 節

圖6-2　縱波與橫波

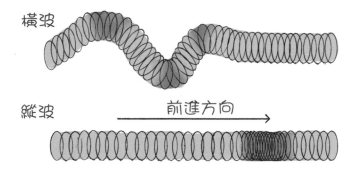

介質振動方向與波前進方向垂直的波為橫波（上圖），與波前進方向同向的波為縱波（下圖）。

191

3. 波與圓周運動、簡諧運動

　　不管是什麼樣的波，只要仔細研究，就會發現其共通的特徵與性質。要理解波的特徵、性質，就必須具備「圓周運動」與「簡諧運動」的基本知識。接下來，將從圓周運動開始，一邊闡明簡諧運動與波之間的關係，一邊為各位說明。

（1）圓周運動

　　首先討論圓周運動中的「等速圓周運動」。所謂的等速圓周運動，指的是在一固定半徑的圓周上，以一定的速率繞圈的運動。就身邊的例子來說，可以想像時鐘上平滑轉動的秒針。秒針的速率雖然固定，但總是朝圓周上切線方向移動，因此移動方向隨時變化。「速度」一詞同時包含了「速率」及「方向」，以具有長度的箭號表示。這稱為向量，箭頭的長度代表量值（速率），而箭號的方向代表移動方向。等速圓周運動若以向量（畫成圖是以箭頭代表）表示，就如同右頁圖6-3-1所示。

　　假設一小球以O點為圓心，A（m）為半徑，在圓周上進行等速圓周運動，探討當它移動至P點時的狀況。線段OP與x軸形成的夾角假設為θ（rad）（弧度〔radian〕，將180度換算為π[rad]的單位），則OP線段在x軸上的投影Px（m）與y軸上的投影Py（m）可分別以sin及cos函數表示如下：

圖6-3-1　等速圓周運動

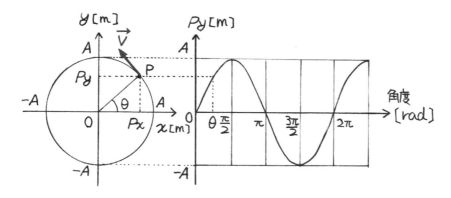

$$Px = A\cos\theta \text{，} Py = A\sin\theta$$

　　以座標表示的話 P＝（Px，Py）＝（$A\cos\theta$，$A\sin\theta$）

　　突然跑出三角函數（sin及cos），各位可能會嚇了一跳，在此先幫大家複習一下。這邊出現的sin及cos，可以想成是「直角三角形中夾角與邊長的比例關係」。例如，如圖6-3-2所示，有一直角三角形其中一角為 θ，三邊長分別為 A，B，C。則 C 與 A 的比值可以用三角函數表示成 $\sin\theta = \dfrac{C}{A}$。同樣的，$B$ 與 A 的比值可寫成 $\cos\theta = \dfrac{B}{A}$。

圖6-3-2　直角三角形與三角函數的關係

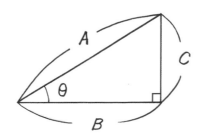

　　接著考慮圓周運動的速率。在直線上以一定的速率運動時，速率可以用「單位時間內前進的距離」表示。

　　例如，速率每秒10公尺（10m/s）可以很直接的知道是「1秒前進10公尺的直線運動」，也大致可以想像其運動模式。但如果說「在半徑為1公尺的圓周上做速率為每秒10公尺的等速率運動」，就很難直接了解是什麼樣的運動了。那麼「圓周長為 $2 \times 3.14 \times 1.0 = 6.28$ 公尺（m），所以 $\frac{10}{6.28} \fallingdotseq 1.59$（圈）……」，就太複雜、難以理解。

　　等速圓周運動是在同一個圓周上不斷繞圈的運動，所以比起用「1秒內在圓周上前進的距離」來描述，不如**以「1秒內繞過的角度」來表達，在直覺上會更容易理解**。不過，這邊不使用「度」表示角度，而使用「rad」。將速率以「每秒轉多少弧度」表示後，我們稱為「角速度」，單位為「rad/s」。角速度一般以符號 ω（omega）表示，是希臘字母 Ω 的小寫。

　　在半徑 A 公尺（m）的圓周上進行等速圓周運動時，速率 v（m/s）與角速度 ω（rad/s）間的關係如下：

$$v = A\omega$$

　　在圓周上繞轉一圈相當於旋轉了 2π（rad），因此只要計算 2π 是 ω 的幾倍，就可以得知這個**等速圓周運動，繞轉一圈需要多少時間。一般將此時間稱為「週期」**，一般以 T（s）表示。T 與 ω 的關係如下：

$$T = \frac{2\pi}{\omega}$$

　　另外，頻率 R 代表**1秒內繞轉的圈數**，但同時也可以想成「在1

秒內，可以放進幾個繞轉一圈所需時間 T」，因此有以下的關係式：

$$R = \frac{1}{T}$$

這些物理量在討論簡諧運動及波的時候也很重要，因此請好好理解意涵。

接下來，我們假設 $t = 0$ 秒時，物體從 $\theta = 0$（rad）的位置開始繞轉。y 座標值 Py 隨時間的變化，就如同圖6-3-3所示。Y 軸投影 Py 會不斷在 $+A$ 及 $-A$ 的範圍內來回振盪。當物體運動時，其位置變化與等速圓周運動時物體的 y 座標值變化相同（當然 x 座標的變化也相同），則此運動稱為「簡諧運動」，最大移動量 A（m）稱為「振幅」。

圖6-3-3　等速圓周運動時，物體在 y 座標的值 Py，隨時間變化的示意圖

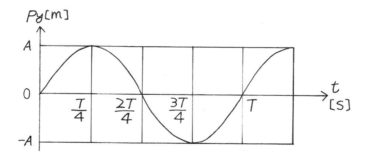

物體從三點鐘位置開始逆時針方向旋轉。處於十二點位置時，y 座標達到最大值（A），時間為（$\frac{T}{4}$）。接著位於九點鐘位置時，y 座標為0、時間為（$\frac{2T}{4} = \frac{T}{2}$）。轉到六點鐘位置時，$y$ 座標達到最大負值（$-A$），此時時間為（$\frac{3T}{4}$）。最後又回到三點位置，y 座標也回到起始值0，時間為（T）。

（2） 簡諧運動

　　若使彈簧等「彈性體」（具有變形後回到最初形狀的性質的物體）的一部分變形之後，該部分就會試圖返回最初形狀而開始振盪。**其中只在某一方向的直線上振盪的，稱為「簡諧運動」**。在實際的振動下，振幅會隨時間逐漸變小，最後在平衡點停下。

　　這種振動稱為「阻尼震盪」。這裡只考慮振幅不隨時間衰減、理想狀態下的簡諧運動。我們一邊看實例，一邊解說簡諧運動的特徵。

　　首先，將質量可以忽略的彈簧固定住其中一端，另一端懸掛重物、等待系統靜止。此時重物靜止的位置應該比彈簧原長度再更低一些（彈簧伸長了一些），這個位置稱為「平衡點」（圖6-3-4的b）。

圖6-3-4　彈簧的簡諧運動

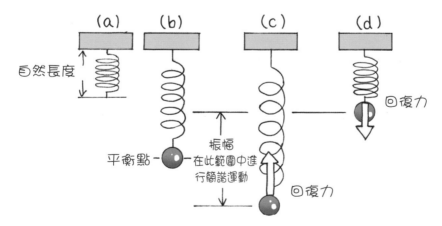

將重物從平衡點往下拉，回復力就會作用。放手後，重物就會開始以平衡點為中心，在直線上震盪（簡諧運動）。在簡諧運動中，物體時時刻刻受到朝平衡點方向的回復力作用，而回復力量值與物體距平衡點位置的距離成正比。平衡點與離它最遠位置間的距離稱為「振幅」。

　　若將重物從平衡點垂直稍往上壓或往下拉，並使之暫時靜止（圖
6-3-4的c），彈簧會產生一股要回到平衡點的力量，這股力量稱為
「回復力」。此時若輕輕放手，重物就會開始以平衡點為中心，在直
線上震盪。這就稱為簡諧運動。

　　簡諧運動中，物體時時刻刻受到朝平衡點方向的回復力作用，而
回復力量值與物體距平衡點位置的距離成正比。距平衡點最遠的位置
到平衡點的距離稱為**「振幅」**，因為是長度，所以單位使用公尺（m）。

　　重物從平衡點往其中一端移動，隨後回到平衡點後，繼續往另一
端移動，最後又回到平衡點的這段時間，也就是重複相同運動的最小
單位時間，稱為「週期」。因為週期是用以表示時間，所以單位使用
秒（s）。此外，1秒中發生幾次週期振動的次數稱為「頻率」，單位
為赫茲（Hz），與圓周運動當中的頻率一樣。

　　週期 T（s）與頻率 f（Hz）之間，存在以下關係：

$$f = \frac{1}{T}$$

　　這裡要先記住，這種**簡諧運動就是波動中波源的振動方式**，也就
是波振動的源頭。圓周運動中提到的「角速度」，在簡諧運動中相當
於「角頻率」，一樣是以 ω（rad/s）表示。因為1秒鐘會轉過 ω
（rad）角度，t秒（s）後就會轉過 ωt（rad）。若簡諧運動的振幅為
A（m）、角頻率為 ω（rad/s），那麼將原點訂為平衡點，t秒（ωt
[rad]）時的位移量 y（m）可以下式表示。

$$y = A \sin \omega t$$

圖6-3-5　簡諧運動中位移的時間變化

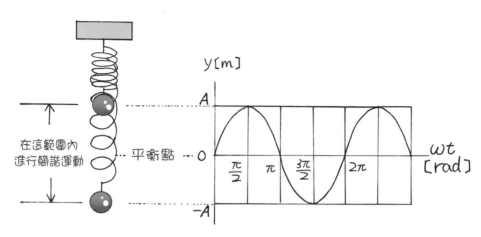

本圖為重物從平衡點開始往上移動時，進行簡諧運動的情況。

　　可如圖6-3-5將此函數描繪出來。請先在腦中建立好簡諧運動的概念。如果能清楚了解簡諧運動，對於理解波會很有助益。接下來進入正題——波的部分。

（3）簡諧運動與波

　　波源在 y 軸上進行簡諧運動，而在 x 軸上不斷往前傳遞的現象稱為「波」（右頁圖6-3-6）。**最簡單的波型稱為「正弦波」**。所謂的「正弦」，就是剛剛出現的「sin」，因為形狀完全相同，所以這樣稱呼。

（4）波的特徵

　　為了能夠清楚描述波的特徵，在此先介紹幾個物理量。首先，假設有個以速度 v（m/s）往正 x 方向前進的波，如右頁圖6-3-7所示，

圖6-3-6 波的傳遞方式

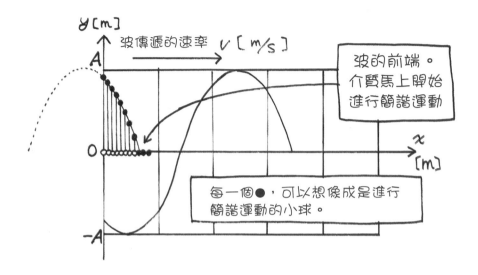

圖6-3-7 波的基本原理──振幅與波長

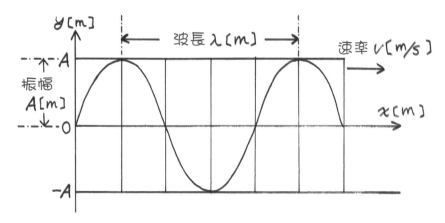

最大位移量 A（m）稱為「**振幅**」。波傳遞時的最小重複單位長度 λ（m）稱為「**波長**」。

並將它與簡諧運動比較。橫軸x表示與波源之間的距離，縱軸y表示距平衡點（x軸）的位移。

先前提過最大位移量A（m）稱為振幅。波傳遞時的最小重複單位長度λ（m）稱為「波長」。與簡諧運動時相同，**波的一個完整波形（一個波長）**通過x軸上任一點所需的時間T（s）稱為週期。該點一秒內通過一個完整波長幾次（完成幾個波）稱為「頻率」，以f（Hz）表示。這些物理量之間具有$v = f\lambda$的關係。請注意頻率的名稱變化（譯註：3種運動中的頻率用語，在日文中分別是回轉數、振動數、周波數）。

相對於等速圓周運動中的角度，在**波動中則是以「相位」描述一個完整波形所在的位置**，也代表一周期的運動中所處的階段。在（2）中以式子$y = A \sin\omega t$表現時，其中的ωt即代表相位，單位為「rad」。

如右頁圖6-3-8所示，同時存在許多波時，就算彼此頻率相同，波W_1與波W_2的波形間仍會存在偏移。這種偏移相當於相位的偏移。偏移量稱為「相位差」。相位差若以等速圓周運動思考，則相當於旋轉角度的差異，一般以α（rad）代表。右頁圖6-3-8代表的是$\alpha = \frac{\pi}{2}$時的情況，若在某個瞬間，兩個波重疊時剛好波峰對波峰，或是波谷對波谷，則兩個波為「同相位」，反之若是波峰對波谷重疊，則稱兩個波為「反相位」。

若觀察往水面丟小石頭時形成的波紋，會發現水波的波峰看起來像是連成一個同心圓。這種將同相位（峰或谷）的部分，連接而成的線稱為「波前」。波前與波的行進方向必定互相垂直。

圖6-3-8　**相位與相位差**

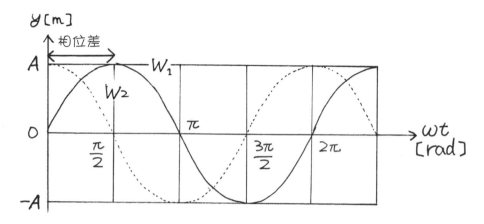

圖中描繪 W_1 與 W_2，共兩個波的波形，ωt 稱為相位（單位為 rad），代表在一個週期的運動中所處的位置，**兩波的波形偏移量稱為相位差**

（5）平面波與球面波

在平面或立體空間傳播的波，若波前為直線或是平面，則稱此種波為「平面波」（下頁圖6-3-9中的a）；若波前為圓形或是球面，則稱此種波為「球面波」（下頁圖6-3-9中的b）。

（6）橫波與縱波

波根據介質振動方向與波前進方向的關係，可以分成兩類。相對於介質各點的進行方向，以90度橫向方向振動的稱為「橫波」，與波前進方向同向的稱為「縱波」（參照第6章第2節）。

圖6-3-9　平面波與球面波

（a）平面波

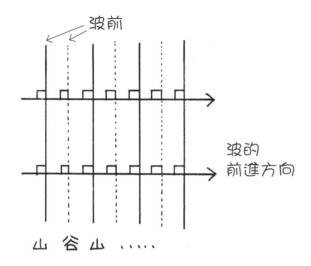

山　谷　山　……

（b）球面波

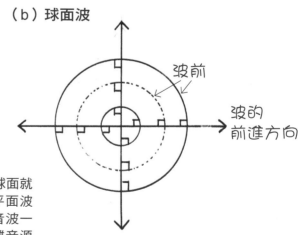

波源越遠，球面波（b）的球面就
會逐漸接近平面，而類似平面波
（a）。比如說音源發出的音波一
開始為球面波，但到了遠離音源
的地方，就變成平面波。

4. 生活中的各種波

（1）水面的波

　　將小石頭丟進池塘，就會有同心圓狀的水環（波紋）於水面上擴散。這種波很常見，稱為「水面波」（見照片）。若只專心觀察水面，水面波看起來像橫波，但嚴格來說其實不是。相對於水波的前進方向，水中各個部分均於垂直面進行圓周運動。而且，水深越深，其半徑就越小，若將落葉放在水波上進行實驗，就可一目瞭然（介質前進方向與漣漪方向相同）。

　　要觀察水面波的樣子，家中的浴缸最適合。閉氣將臉潛入浴缸水中，大約到鼻子的位置，然後用指尖從水中稍微戳水面幾下，就可以看見美麗的波紋。若使用雙手在兩處製造水波，就可以重現稍後會說明的波干涉現象。

橫波的代表例子為水面波。將石頭丟入池水中，就可輕鬆產生。

（2）聲音

　　聲音充斥在日常生活周遭，算是最常見的波之一。不過，因為肉眼無法看見音波，或許不太容易將它當成波。聲音造成的波稱為音波，是一種縱波。**人耳可聽見的音波頻率（音高）範圍在數十赫茲到兩萬赫茲之間**。在這個範圍以下的波，稱為超低頻音波；頻率更高的音波稱為超音波，人耳都聽不見。

　　思考一下從聲音的產生到人耳聽見的過程。喇叭靠著前後振動振膜；人聲的話，則是靠聲帶對空氣產生振動，進而傳遞聲音。

　　仔細研究喇叭（圖6-4-1）產生聲音的架構。對裝在可移動式振膜上的音圈通以電訊號後，音圈就變成電磁鐵，**會與固定住的磁鐵互**

圖6-4-1　音響的構造

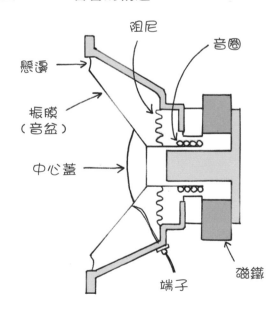

音圈裝在可移動的振膜上。對音圈通以電訊號後，音圈就變成電磁鐵，會與固定住的磁鐵互相吸引或排斥而移動。於是產生的振動使振膜作動，進而造成空氣振動。

相吸引或排斥，產生的振動使振膜振動，進而造成空氣振動（擴音）。另外，麥克風（收音）是透過在薄膜上裝上小型線圈，當接收空氣振動時，靠著在磁鐵旁推動線圈，產生微弱的電訊號。

產生聲音時，重要的是要在聲音傳播的方向上振動空氣。喇叭的振膜往前移動時，會順帶壓出空氣，所以空氣密度會比周圍高。也就是空氣中的分子較緊密。振膜往後退時，密度降低，使空氣中的分子較為稀疏。

空氣密度高與空氣密度低的狀態交替發生，並傳遞至物體時，就會使物體開始前後振動。而人耳中的鼓膜會振動。因為這個特徵，音波有時也被稱為「壓力波」或「疏密波」。圖6-4-2清楚畫出了音波的特徵。

圖6-4-2　音波（壓力波）的模式圖

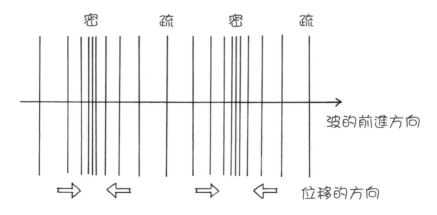

密的狀態下，振膜往前移動時會擠壓空氣，造成空氣中的分子密度比周圍高。在疏的狀態下，振膜往後退時，空氣中的分子密度則降低。

因為音波為縱波，因此不管在狀態為氣體、液體或是固體的介質中，均可以傳播。不過，介質不同，音速也不同。在乾燥的 t（℃）空氣中音速 V（m/s）可表示為：

$$V = 331.5 + 0.6 \times t$$

所以在攝氏15度的空氣中，音速約為每秒340公尺（m/s）。在二氧化碳中音速較慢，在氦氣中音速較快。

發音體若在空氣中以高於音速的速度移動時，一般稱為超音速，以「音速的幾倍」，也就是「馬赫」這個單位表示。另外，若噴射機以超音速飛行時，周遭會有圓錐狀的衝擊波產生（圖6-4-3）。若是

圖6-4-3　**衝擊波**

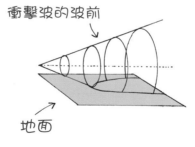
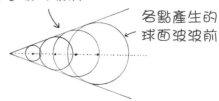

上圖為噴射機發出的衝擊波示意圖。衝擊波的波前呈現圓錐狀。下圖為從正上方俯瞰海上航行的船隻的示意圖。從船首延伸的兩條直線，就相當於衝擊波的波面。

船隻，從船首直線延伸的兩條水波就是衝擊波。

在空氣中製造劇烈的壓力變化，就能產生聲音，「鳴釜神事」就利用了這個原理（照片）。這個祭典會在日本全國的幾間神社定期舉辦，最有名的就是《雨月物語》中出現過的吉備津神社（位於日本岡山縣岡山市）。

將水裝入鍋子（釜）中煮沸，再將洗過的糙米裝入竹篩，放在上升的蒸氣裡搖動。於是穿過米飯間的蒸氣會突然冷卻收縮，產生壓力變化。反覆幾次這個過程後，空氣便開始振動。振動的頻率若與鍋子及上方的蒸籠等中空部分的固有頻率一致時，會發出較大的共鳴聲響。

在日本吉備津神社（岡山縣岡山市）的釜殿中舉行的鳴釜神事。在鍋子上放蒸籠，搖晃竹篩中的糙米，就會發出共鳴的聲響（照片來源：時事通信 Photo）。

（3）光

　　光在波之中比較特殊，不需要任何物質作為介質，在真空中也能傳遞。講得複雜一點，**光是電磁波的一種，「是由電場與磁場的橫波相互垂直所構成的波」。**

　　光的波長非常短，大約介於380～770奈米（$1nm = 1.0 \times 10^{-9}$ m）之間。因此一般很少把它視為波。不過，人眼當中有可以區分不同光波波長（頻率）的「感光細胞」，使我們可以感受光線。人的視網膜上有三種視錐細胞，分別可以感測紅光、藍光、綠光等波長不同的光線。我們稱為「三原色色覺」。紅光、藍光、綠光剛好就是光的三原色。液晶電視及大型LED面板，都透過改變這三種顏色的發光強度顯示所有的顏色。白色日光燈基本上也是由這三種顏色構成。

　　人眼可察覺的光稱為可見光，範圍從紅光到紫光。波長超出這個範圍的光稱為紅外線（IR，Infrared ray），而波長低於此範圍的光稱為紫外線（UV，Ultraviolet ray）。紅外線主要有熱的效果，而紫外線則有殺菌效果。

圖6-4-4　波長與顏色的關係

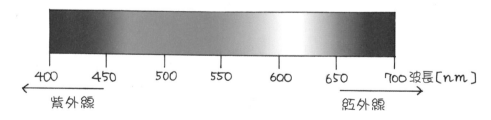

比起人眼可察覺的光，紅外線的波長更長。反之，紫外線波長較短。

只含有特定波長的光稱為單色光。特別是之後會提到的雷射光，就是單色光中相位一致的光，因為特徵是強度不太會衰減，常用於光學實驗、醫療界、產業等領域，扮演著很重要的角色。

比紫外線波長更短（頻率更高）的稱為 X 射線，穿透物質的能力很強，通常用於檢查身體內部的情況，也就是所謂的放射線攝影。波長更短的稱為伽瑪（γ）射線，穿透力非常強，常用於金屬的非破壞檢測。因為穿透能力很強，對生物來說，有時會有危害。

光在真空中的傳播速度非常快，大約為每秒 30 萬公里（km/s），在空氣中的速度也差異不大。一般認為，光速是萬物中目前速度最快的，愛因斯坦的相對論也建立在光速上，在近代物理中扮演非常重要的角色。

另外，光還有一種特性稱為「偏振」。指的是「光的各成分中，電場波振動的平面朝向特定方向」的光（下頁圖 6-4-5）。電燈泡發出的光**含有朝著各種方向振動的光成分**，不過一旦碰到玻璃窗反射後，就只有朝單一方向振動的光，可以順利通過玻璃（形成一道光）。一般稱這種光為「偏振光」。若使用**只讓朝著特定方向振動的光通過的濾光板**（這稱為偏光板），**就可以只讓偏振光通過，或是完全阻絕**（下頁圖 6-4-6）。

偏光板對於使用液晶顯示器的時鐘及液晶面板來說，是不可或缺的。最近也用於 3D 電影。另外，藍天照射下來的光，其實也是偏振光。據說，蜜蜂就是利用偏振特性，感測方位。

圖6-4-5　何謂偏振？

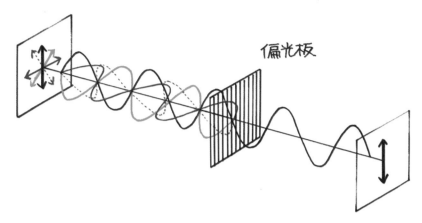

沒有偏振的自然光，利用圖中的偏光板，將朝電場所在方向以外的成分吸收後，就成了只朝特定方向振動的光。

圖6-4-6　相機的偏光鏡

可有效除去水面及玻璃表面上的反射光，也可以讓藍天的顏色更濃，或使樹葉、山坡、建築物等的色彩看起來更鮮豔。照片為Kenko公司的「Zéta Wideband C-PL」（照片來源：Kenko Tokina）。

（4）電磁波

　　電波其實就是電磁波，是電場波與磁場波互相垂直，且各別又與波前進方向互相垂直變化的橫波（圖6-4-7）。電磁波波長的範圍很大，大約介於$3 \times 10^{4} \sim 3 \times 10^{-12}$公尺中，人能以光的形式察覺一小部分的電磁波。具有其他波長的電磁波，就幾乎無法被肉眼感測。

　　波長較長的甚低頻（VLF）波以往用於船隻的航行系統。中頻（MF）波用於AM廣播中，高頻（HF）波用於廣播及通訊系統。甚高頻（VHF）及特高頻（UHF）波除了通訊之外，也用於電視播送。

　　其他波長更短的則各有各的用途，包含微波爐、手機、雷達等等。波長越短的電磁波直進能力越強。波長更短的還有遠紅外線、紅外線、可見光……等。這裡很重要的一點是：「電波與光波事實上都

圖6-4-7　**電磁波**

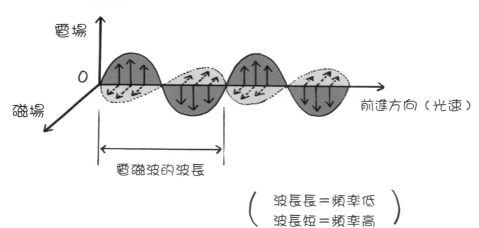

電磁波為電場波與磁場波互相垂直，且各自又與波的前進方向互相垂直而變化的橫波。

是電磁波，只是頻率不同而已。」光之所以看起來帶有顏色，是因為
肉眼在可見光的頻率範圍中，以「顏色」的形式感知光罷了。電波與
光波均以相同速度在真空中傳播。

（5）地震波

　　地震波指的是地球地殼的振動，以波的形式傳遞，有縱波的P波
與橫波的S波兩種。P波可於地球內部傳遞，而S波因為是橫波，無
法在液狀的地球核心傳遞。靠著研究地震波的傳遞形式，人們也逐漸
明白地球的內部構造。

圖6-4-8　地震波

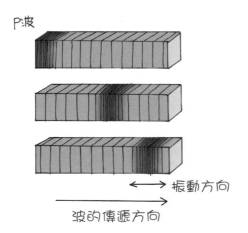

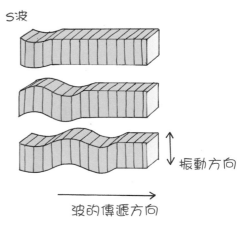

P（Primary）波 為 一 縱波，在 固
體、液體、氣體中均可傳遞，也稱為
初期微震（Preliminary tremors）。

S（Secondary）波為橫波，只能在
固體中傳遞。又稱主震，會引起巨大
搖晃。

5. 波的性質——
疊加、折射、反射、繞射

波動有幾項共通的性質。

（1）疊加原理

在同一介質中傳遞的兩個波相遇而重疊時，介質的位移會如何呢？因為兩個波的介質共通，介質中某一點的振幅y會等於原本各自的波分別通過時造成的振幅$y1$與振幅$y2$的疊加。這就稱為「疊加原理」（superposition principle）（圖6-5-1）。

頻率稍微不同，且具有一定強度的音波重疊時，若以疊加原理合

圖6-5-1　疊加原理

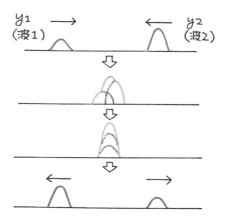

由左邊而來的波1與由右邊而來的波2相遇並互相重疊，振幅y等於振幅y_1加上振幅y_2。相遇重疊之後兩波分開，繼續朝原本的方向前進。

成，就會造成合成波的振幅因為兩波的頻率差而有忽大忽小的狀況。因為振幅產生變化，聲音的強度於是也會忽大忽小。這個現象稱為**「拍頻」**（圖6-5-2）。**這個概念應用於像是吉他的調音**，同時振動音叉及吉他絃，如果調整到拍頻消失，就可以知道音叉的頻率與吉他彈出的頻率相同。

圖6-5-2　拍頻

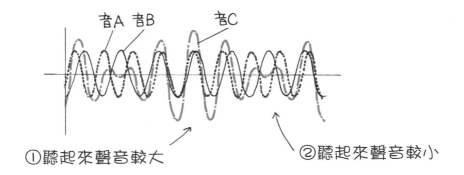

頻率稍有不同的音A（紅）與音B（黑）合成之後形成的音C（藍），①的部分聲音疊加、聽起來較大聲，而②的部分聲音抵消、聽起來較小聲。

（2）惠更斯原理

　　想像一下在水面上傳遞的水面波。將波的振動同相的部分，例如波峰的部分，串聯起來形成的線（稜線）稱為「波前」。那麼，如右頁圖6-5-3所示，波前互相平行的波，撞到一部分開口的堤防後，又會如何？

　　撞到堤防的波當然無法前進，但是旁邊穿過堤防開口的波，會繞進左右堤防的內側，整個水面波並不是像被堤防直接切除了阻礙的部

圖6-5-3　惠更斯原理

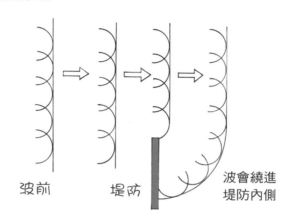

波前　　　堤防　　　波會繞進
堤防內側

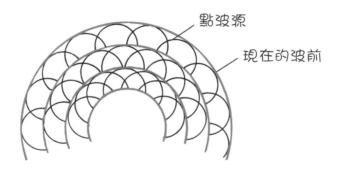

點波源

現在的波前

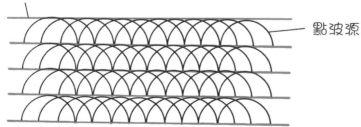

現在的波前

點波源

波前上的無數點波源會產生新的波前。上圖為球面波的行進方式，下圖為平面波的行進方式。

分，而繼續直線進行。惠更斯為了說明這個現象，做了以下思考：「波每個瞬間都會**從波前（等相位面）的各個部分**（稱為點波源）**產生同速率的波**，而平滑的連接這些無數點波源產生的新波前所產生的線（包絡線），就成了下一瞬間的波前」。

這稱為「惠更斯原理」。雖然實際上並不完全是這個樣子，但利用這個想法，會更容易理解之後介紹的各種波動現象。

（3）波的反射法則與折射法則

波往前傳遞時，當通過不同介質間的介面，波的行進方向會改變。如圖6-5-4的現象稱為「波的反射」。從反射點上畫一條與介面垂直的線（法線）時，入射波與法線間的夾角稱為「入射角」，而反射波與法線間的夾角稱為「反射角」。入射角與反射角會相等。請用惠更斯原理想想，要如何解釋這個現象。

圖6-5-4　波的反射

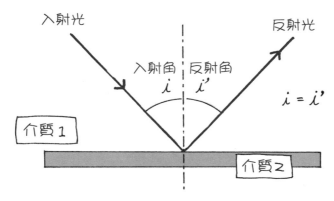

入射角與反射角相等。

　　「波的折射」也是當波通過不同介質之間的介面時，發生的現象。這是因為不同介質中，波行進的速度不同造成的（圖6-5-5）。從入射點畫一條與介面垂直的法線時，入射路徑與法線形成的角稱為「入射角」，而法線與折射後的路徑所夾的角稱為「折射角」。假設入射角為 i，折射角為 r，則折射公式如下：

$$\frac{\sin i}{\sin r} = \frac{v_1}{v_2} = n_{12}$$

　　n_{12} 代表介質2對於介質1的相對折射率。入射波為光的情況下，這個值單由介質與光的頻率決定，與入射角沒有關係。特別是介質1與介質2，分別相對於真空的相對折射率，以 n_1 與 n_2 表示，稱為兩介質的「絕對折射率」。若假設真空中的光速為 c，則 $n_1 = \frac{c}{v_1}$、$n_2 = \frac{c}{v_2}$。

圖6-5-5　波的折射

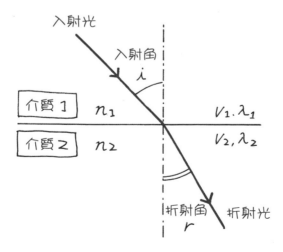

波通過不同介質的交界面時，發生的現象稱為折射。這是因為在不同介質中，波行進的速度不同而產生。

　　折射現象若以惠更斯原理說明，則如圖6-5-6所示。介質1當中有兩波以同樣速度v_1，但分別以路徑a與路徑b入射。採路徑a行進的波，較先進入介質2，而改以速度v_2行進。從這一瞬間開始，直到採路徑b入射的另一波到達介面，假設已在介質1中前進L_1距離；而採路徑a行進的波，在這段時間內於介質2中只前進L_2距離。若$v_1 > v_2$，則$L_1 > L_2$，因此當採路徑b行進的波到達介質2的瞬間，採路徑a行進的波已位於半徑為L_2的波前上。波前與波的行進方向互相垂直，所以畫出切線後，波前就會比入射波路徑更傾斜。

圖6-5-6　用惠更斯原理說明波的折射

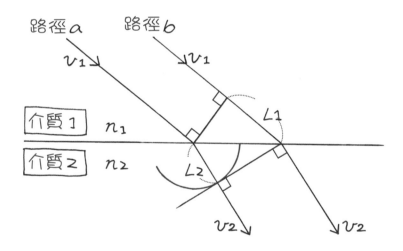

光沿著路徑a及路徑b入射。路徑a的光先抵達介質2（n_2）進入（L_2），而路徑b的光在這期間內，在介質1（n_1）中行進L_1後，才抵達交界面。等路徑b的光到達介質2（n_2）後，便開始平行行進。因為L_1與L_2長度不同，光的路徑會產生偏折（折射）。

圖6-5-7　虹與霓

霓的亮度通常比虹低，且顏色的排列順序剛好相反。虹的內側比周圍更亮。

　　在光的情況下，當入射角大到一個臨界值時，折射角會變為90度，光會沿著介質的交界面行進。入射角更大時，光便不折射而如同鏡面般完全反射回去。大家應該曾看過長方體的水槽側面，看起來像鏡子一樣吧。這樣的現象稱為「全反射」。

　　身邊因為光的折射與反射而形成的現象，其中之一就是彩虹。彩虹是因為太陽光照射大氣中漂浮的小水滴而產生折射與反射形成的。此外，若條件配合，就會如圖6-5-7所示，在一般的彩虹（虹）外側看見顏色排列順序顛倒的霓。霓的光如下頁圖6-5-8所示，是光線在水滴中多經歷一次反射形成的。彩虹的內側也比周圍更亮一些。

圖6-5-8 虹與霓形成方式的不同

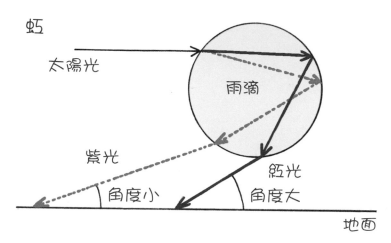

虹是太陽光在空氣中的水滴裡經過一次反射造成的。反射光與地表形成的角度大時，看起來為紅色；若角度小，則看起來為紫色。

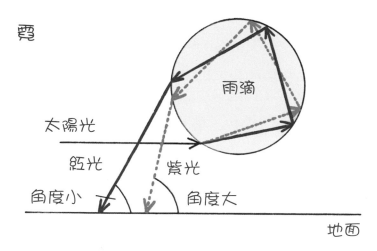

霓是太陽光在空氣中的水滴裡經過兩次反射造成的。反射光與地表形成的角度大時，看起來為紫色；若角度小，則看起來像紅色。

參考資料：日本松江地方氣象臺網站。

（4）波的繞射

如同第215頁的圖6-5-3所示，繞射指的是波碰到障礙物時，會繞進障礙物內側的現象。當時是以（2）的惠更斯原理解釋，被堤防切離的**波會繞進堤防內側的現象，正是波的繞射**，可用惠更斯原理來說明。

（5）波的干涉

波在途中兵分兩路前進，之後又再合體時，可根據重疊原理合成。在此情況下，若剛好重疊時波峰對波峰，波谷對波谷，則兩波彼此強化，合成波的振幅變大。反之，若兩波重疊時，剛好波峰對波谷，則互相弱化抵消，合成波的振幅變小。像這樣，**兩波彼此弱化或強化的現象稱為「波的干涉」**。建設性干涉與破壞性干涉產生的點，串連起來就會形成「干涉條紋」。波因為干涉，會產生一些有趣的現象。以光來說，當雷射光等**單色光通過兩個極小的狹縫時，遠方屏幕上會出現光點的干涉條紋**。這個實驗稱為「楊格的雙狹縫干涉實驗」（下頁圖6-5-9）。

考慮光波干涉時，光行進的路徑就變得相當重要。光行進的路徑一般稱為「光程」，其長度稱為「光程長」。

光的速率在不同介質中會有所不同，因此必須將其換算成真空中的光程長再比較。幾何學上的光程長假設為 L，介質的折射率假設為 n，在真空中的光程長 L' 就等於 nL（$L' = nL$）。

通過兩狹縫 S_1 及 S_2 的光，根據惠更斯原理，會形成球面波往屏幕前進。兩個球面波於是在屏幕上重疊，根據重疊原理，兩波會進行

圖6-5-9　**楊格的雙狹縫干涉實驗**

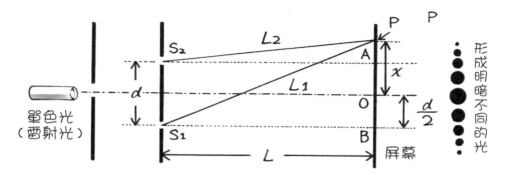

此實驗使用兩個狹縫觀察光的干涉現象。透過楊格的干涉實驗，可以得知光會干涉，也**證明了光為波的一種**。

建設性干涉與破壞性干涉。於是在建設性干涉的部分，會形成明亮的光點；在破壞性干涉的部分，則形成暗點而看不見。干涉條紋的形成方式，會根據雙狹縫間的距離、光波的波長，以及狹縫至屏幕的距離而定。

　　假設P點為屏幕上任何一點，則從S_1到P之間的距離和從S_2到P之間的距離差（光程差），若為半波長$\dfrac{\lambda}{2}$的偶數倍（波長的整數倍），則產生建設性干涉而形成亮點。反之，若光程差為半波長的奇數倍，則產生破壞性干涉而形成暗點。這稱為「干涉條件」，以式子表示如下。此式不僅僅對光波成立，對音波也成立。

$$\frac{\lambda}{2} \times \begin{cases} 2m\cdots\cdots建設性干涉（亮紋）\\ 2m+1\cdots\cdots破壞性干涉（暗紋）\end{cases}$$

但 m ＝ 0、1、2、3……

光行進途中若產生反射，情況就會稍微改變。若在折射率小的介質中行進的光，在與折射率高的介質介面反射，則反射波相位會顛倒（波峰與波谷顛倒）。因此，此時建設性干涉與破壞性干涉的干涉條件也會顛倒。

薄膜干涉就是這種現象之一（圖6-5-10）。在身邊的例子中，包含看起來像彩虹一樣繽紛的泡泡及水面的油膜。泡泡及油膜之所以看起來呈現七彩的顏色，是因為不同波長（色）的光產生建設性干涉的位置有所偏移（見下方照片）。光的干涉目前運用在測量、精度校正的領域。

圖6-5-10　薄膜干涉的架構

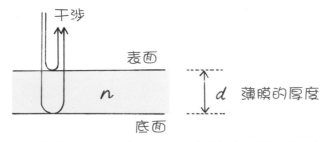

垂直入射薄膜的光會分成兩路，一路直接在薄膜表面反射，而另一路在底面反射。從薄膜正上方看反射光，表面上的反射光與底面的反射光會產生干涉，形成明暗不均的現象。此外，本示意圖為了更容易分辨入射光與反射光，採用 U 型彎曲的畫法，但光線實際上不會這樣彎曲。

泡泡上看起來像彩虹的顏色，
正是薄膜干涉的例子。

（6）都卜勒效應

　　救護車靠近時，鳴笛聲的聲音聽起來較高；遠離時，聲音聽起來較低（右頁圖6-5-11～6-5-13）。這種效果稱為「都卜勒效應」。假設音源的頻率為f_0（Hz），音源朝向觀察者前進的速度為v（m/s），空氣中的音速為V（m/s），那麼如果將音源朝觀察者前進的方向定為正向，此時靜止不動的觀察者聽到的音頻f（Hz）為：

$$f = \frac{V}{V-v} f_0$$

　　因為$V > (V-v)$，故$f > f_0$，因此聽起來的聲音較高。音源遠離觀察者時，v以$-v$帶入，音頻則為：

$$f = \frac{V}{V-(-v)} f_0$$

　　因為$V < (V+v)$，故$f < f_0$，聽起來的聲音較音源來得低。若將音源朝觀察者前進的方向定為正向，當音源朝觀察者移動，同時觀察者也以$-u$（m/s）的速度往音源移動時，音頻變成：

$$f = \frac{V+u}{V-v} f_0$$

　　因此聽到的聲音更高。**量測棒球或網球等球類球速時使用的測速槍、取締車輛超速所使用的裝置等，都利用了都卜勒效應。**一般也利用光的都卜勒效應來測量遙遠的宇宙中恆星遠離的速度。

圖6-5-11　音源靠近時

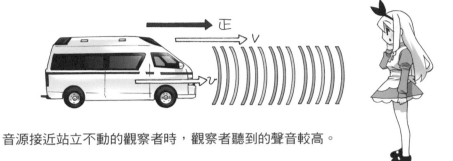

音源接近站立不動的觀察者時，觀察者聽到的聲音較高。

圖6-5-12　音源遠離時

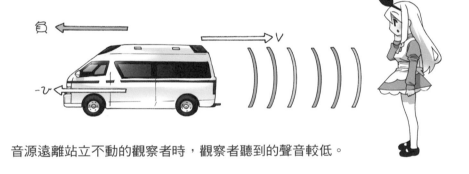

音源遠離站立不動的觀察者時，觀察者聽到的聲音較低。

圖6-5-13　音源與觀察者互相靠近時

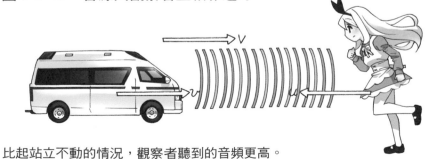

比起站立不動的情況，觀察者聽到的音頻更高。

225

（7）固有振動及共振

　　物體或空洞具有「在某個頻率下容易振動」的特性。這種振動稱為「固有振動」（或自然振動），這時的頻率稱為「固有頻率」。比如說，樂器調音用的音叉，就設計成剛好在440赫茲的頻率下振動。因此，若音叉發出的音傳到某個剛好有相同固有頻率的物體時，物體就會自動開始振動。這種現象稱為「共振」（共鳴）。

　　空洞也是一樣，對瓶口吹氣時會產生「嗡」的聲音，是因為隨著空氣渦漩振動，與瓶口空洞條件相符的空氣聲音放大，因而發出聲響。若持續給予頻率與固有頻率相同的振動，振動就會越來越劇烈。

　　1940年11月，美國有一座吊橋「塔科馬海峽吊橋」（Tacoma Narrows Bridge）受到風速約每秒19公尺的陣風吹襲，產生的渦旋（編按：卡門渦街，即在一定條件下的固定流體流經某些物體時，流體從物體兩側剝離，形成交替的漩渦渦流），其振動頻率剛好與橋的縱樑的固有頻率一致，導致搖晃不斷加劇，最後解體崩塌。

崩塌的塔科馬海峽吊橋。幸運的是當時沒有人受傷或罹難（照片來源：維基百科）。

6. 波的現代科學應用

（1）孤子波現象

　　1834年，蘇格蘭船員羅素（John Scott Russell，1808〜1882）發現在運河中拉動的船突然停下時，產生的水波會維持原波形前進，這就是研究孤子波（Soliton）的開端。

　　這種波的特徵就是波形不崩解、孤立前進，也因此被稱為「孤立波」。隨後科特韋格（Diederik Korteweg，1848〜1941）與德弗里斯（Hugo de Vries，1848〜1935）對此展開研究，發現此種波具有類似粒子的特性，於是命名為「孤子波」。除了海嘯與木星的大紅斑外，亞馬遜河的河口湧潮（Pororoca，於亞馬遜河中逆流的水流）與黃河的大逆流，也被認為是孤子波。在研究物質性質的物性學領域與光學領域中也引起討論，現在已成為重要的物理現象之一。

木星的大紅斑就是孤子波的代表例子，亞馬遜河的河口湧潮也是其中一個例子（照片來源：NASA）。

（2）物質波（量子力學）

當人們了解構成物質的粒子是「原子」後，又繼續探索原子的內部構造。透過拉塞福（Ernest Rutherford，1871～1937）進行的實驗，了解原子是由密度非常高的「原子核」，與在其周圍環繞的「電子」構成。原子核是由質子與中子構成，在原子核周遭環繞的電子是基本粒子（圖6-6-1），質量約只有質子的1,840分之一。以此為契機，科學家開始探索原子及原子核的世界。

人們也發現，在這種規模極微小的世界中的運動，無法用過去的力學理論描述、理解。例如，若將環繞原子核的電子所進行的運動設想成一般的圓周運動，那麼電子一瞬間就會被吸入原子核中，摧毀原子。不過，在現實世界中，原子安定存在。

為了解決這種矛盾，便想出了「物質波」的概念。所謂的物質

圖6-6-1　原子的構造

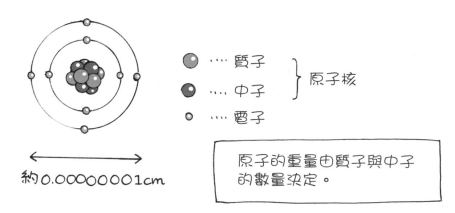

原子由密度非常高的「原子核」，與在其周圍環繞的「電子」構成。原子核則是由質子與中子構成，電子環繞在原子核周圍。

波，指的是包含電子在內的「所有物質均具有波的特性」。雖然在人類可感測的規模下，不會造成太大問題；但在微觀世界中，就不得不多加考慮。

以物質波的概念為契機，「量子力學」也成為一個新領域而不斷發展。另一方面，基本粒子的研究也突飛猛進，從物理學家湯川秀樹開始，許多日本人都陸續得到諾貝爾獎，也促成了現代電子學的發展。

（3）雷射

原子的構造及性質逐漸明朗後，科學家逐漸發現，**對原子照射強光等能量時，周圍的電子會吸收能量，而轉變為高能量狀態。**能量狀態一般稱為「能階」（energy level），而轉變為高能量狀態則稱為「激發」（excitation）。

新加坡的濱海灣金沙酒店（Marina Bay Sands）從空中庭園射出雷射光，這就是有名的雷射燈光水舞秀「Wonder Full」，是利用雷射光營造夜景的例子之一。

　　不過，因為高能量狀態不安定，原子很快又會跳回原本的低能階。此時，原子會以能量的形式放出光，而光的波長取決於能階的能量差。

　　利用這個性質，科學家挑選適合的原子（使用的物質）及適當的能量，成功創造出「波長與相位均一致的極強力光束」。這就是稱為「雷射」的光。在初期，一般認為「製造藍光雷射極為困難」，但靠著來自日本的赤崎勇、天野浩以及中村修二等人的努力得以實現，並順利量產。2014年，這三位科學家也獲頒諾貝爾物理學獎。

　　雷射的發明為光學實驗、醫療界、產業界等廣泛領域，帶來了飛躍的進步。近年來，隨著半導體雷射（Semiconductor Laser）成功研發，雷射手術刀、DVD、藍光（Blue ray）播放器等產品也相繼開發出來，應用於各種領域。

（4）全息圖

　　全息圖（Hologram）是利用雷射光製作的三維圖像。將一道雷射光分成兩部分，一部分照射物體，並將其反射光映在全息膠片（Hologram Film）上，另一部分則是直接照射在全息膠片上，此時膠片上就可記錄兩道光重疊後的干涉條紋。以這種方式製成的膠片，就稱為「全息圖」。

　　若將雷射光照射在這種帶有訊息的全息膠片上，物體就能以立體圖像呈現，連物體的側面也能清楚看見。透過可見光，也能重現圖像的全息圖，廣泛運用在信用卡、代金券（消費券）等的防偽辨識上。最近甚至也出現了彩色的全息圖。

以上說明了許多關於波的內容，但與生活息息相關的波其實十分深奧，實在很難介紹得完。

自然現象是連續的類比變化，也就是像波一樣。於是，我們將這些如波動般變化的物理量，以很短的時間間隔分割取樣，並將其大小（振幅值）量化後，再轉為二進位（數位化）儲存，輸出時則進行反向的作業。音樂及影像也都經過這種數位化程序。有興趣的讀者不妨研究一下「奈奎斯特取樣定理」（Nyquist-Shannon sampling theorem）。

數位化科技在現今社會中已不可或缺，電腦基本上也只能處理「1」和「0」兩種值。不過**儘管萬物都能成功數位化，自然現象及你、我還是類比訊號，與波脫不了關係**。透過學習波動的知識，可以在不同場合中派上用場。

全息膠片的應用例之一：全息膜。

信用卡的彩色全息圖。

參考文獻

理查・費曼、麥可・高利伯、拉夫・雷頓／著、戶田盛和、川島協／譯《費曼物理學訣竅》（岩波書店，2007年，繁體中文版由天下文化出版）。

岡田功／著《給初學者的熱力學讀本》（Ohm社、1969年）

高林武彥／著《熱力學史 第2版》（海鳴社、1999年）

戶田盛和／著《熵的眼鏡》（岩波書店、1987年）

浮田裕／著《超導》、栗岡誠司／編著《驚奇！了解☆令人興奮的科學》（神戶新聞社綜合出版中心、2010年）

平山令明／著《用熱力學理解化學反應機制》（講談社、2008年）

野田學／著《給理工科系學生的初學物理教材「熱力學」》（Natsume社、2007年）

伊庭敏昭／著《圖解 易學熱力學》（Ohm社、1997年）

村上雅人／著《熱力學原來如此》（海鳴社、2004年）

久我隆弘／著《雷射冷卻與玻色 — 愛因斯坦凝聚》（岩波書店、2002年）

《Parity》編輯委員會／編《雷射冷却開啟的原子波世界》（丸善、2003年）

George・Johnson／著、吉田三知世／譯《另一個「世界最美的10項科學實驗」》（日經BP社、2009年）

日本物理學會／編《想要了解的55個物理疑問》（講談社bluebacks、2011年）

索引

國家圖書館出版品預行編目（CIP）資料

名師這樣教 物理秒懂：國中沒聽懂、高中變天書，
圖解基礎觀念，一次救回來／左卷健男，浮田裕等
8 位教師編著；林展弘譯．
 -- 二版 . -- 臺北市：大是文化有限公司，2021.11
240 面；17 × 23 公分 . -- （Style；56）
ISBN 978-986-0742-94-7（平裝）

1. 物理學

330   110014100

Style 056

名師這樣教　物理秒懂

國中沒聽懂、高中變天書，圖解基礎觀念，一次救回來

編　　　著／左卷健男、浮田裕
譯　　　者／林展弘
美 術 編 輯／林彥君
副　主　編／劉宗德
副 總 編 輯／顏惠君
總　編　輯／吳依瑋
發　行　人／徐仲秋
會　　　計／許鳳雪
版 權 經 理／郝麗珍
行 銷 企 劃／徐千晴
業 務 助 理／李秀蕙
業 務 專 員／馬絮盈、留婉茹
業 務 經 理／林裕安
總　經　理／陳絜吾

出 版 者／大是文化有限公司
　　　　　臺北市 100 衡陽路 7 號 8 樓
　　　　　編輯部電話：（02）23757911
　　　　　購書相關資訊請洽：（02）23757911 分機 122
　　　　　24 小時讀者服務傳真：（02）23756999
　　　　　讀者服務 E-mail：haom@ms28.hinet.net
郵政劃撥帳號／19983366　戶名／大是文化有限公司
法律顧問／永然聯合法律事務所
香港發行／豐達出版發行有限公司
Rich Publishing & Distribution Ltd
香港柴灣永泰道 70 號柴灣工業城第 2 期 1805 室
Unit 1805, Ph.2, Chai Wan Ind City, 70 Wing Tai Rd, Chai Wan, Hong Kong
Tel: 2172-6513　Fax: 2172-4355
E-mail: cary@subseasy.com.hk

封 面 設 計／林雯瑛
內 頁 排 版／新鑫電腦排版工作室
印　　　刷／鴻霖印刷傳媒股份有限公司
出 版 日 期／2021 年 11 月二版一刷
Ｉ Ｓ Ｂ Ｎ／978-986-0742-94-7（平裝）
電子書 Ｉ Ｓ Ｂ Ｎ／9786267041123（PDF）
　　　　　　　9786267041079（EPUB）

Printed in Taiwan
定價／新臺幣 360 元
（缺頁或裝訂錯誤的書，請寄回更換）

OTONA GA SHITTE OKITAI BUTSURI NO JOSHIKI
Copyright © 2015 TAKEO SAMAKI; HIROSHI UKITA
All rights reserved.
Original Japanese edition published in Japan in 2015 by SB Creative Corp.
Traditional Chinese translation rights arranged with SB Creative Corp. through Keio Cultural Enterprise Co., Ltd.
Traditional Chinese edition copyright © 2016, 2021 by Domain Publishing Company.

有著作權・翻印必究